日本主厨笔记——拉面专业教程

日本旭屋出版编辑部◎编

白金◎译

机械工业出版社

CHINA MACHINE PRESS

目录

鱼干和其他食材知识

这里为大家介绍有关鱼干拉面的汤头、酱汁中所使用的鱼干种类，以及制作海鲜高汤的食材和鲣节等基本知识。

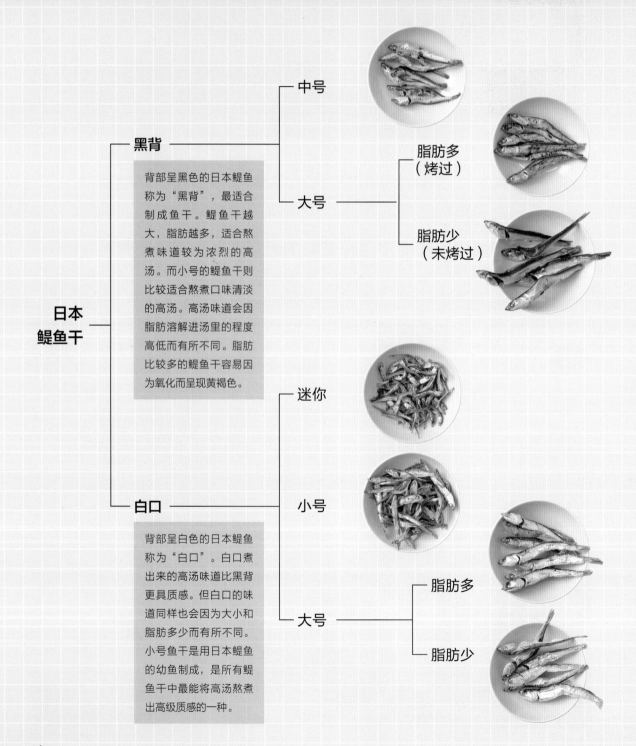

日本鳀鱼干

黑背

中号

大号

脂肪多（烤过）

脂肪少（未烤过）

背部呈黑色的日本鳀鱼称为"黑背"，最适合制成鱼干。鳀鱼干越大，脂肪越多，适合熬煮味道较为浓烈的高汤。而小号的鳀鱼干则比较适合熬煮口味清淡的高汤。高汤味道会因脂肪溶解进汤里的程度高低而有所不同。脂肪比较多的鳀鱼干容易因为氧化而呈现黄褐色。

白口

迷你

小号

大号

脂肪多

脂肪少

背部呈白色的日本鳀鱼称为"白口"。白口煮出来的高汤味道比黑背更具质感。但白口的味道同样也会因为大小和脂肪多少而有所不同。小号鱼干是用日本鳀鱼的幼鱼制成，是所有鳀鱼干中最能将高汤熬煮出高级质感的一种。

远东拟沙丁鱼干 ──────┬── 小号

以远东拟沙丁鱼为原料制作而成的鱼干，和日本鳀鱼干相比，带有甜味且味道比较清淡，最大的特点是能熬煮出类似鱼贝类海鲜高汤的味道。与日本鳀鱼干一样，用途广泛。

　　　　　　　　　　　　└── 大号

脂眼鲱鱼干 ──────┬── 小号

以脂眼鲱鱼为材料制作而成的鱼干。味道比日本鳀鱼清爽，可以熬出没有强烈鱼干味且质感高级的高汤。风味强度根据鱼干大小不同而有所差异。

　　　　　　　　　　　└── 大号

鲹鱼干

主要原材料为日本竹荚鱼。能熬煮出具有适度甜味的高汤。

鲭鱼干

原材料为小型鲭鱼，味道比较清淡，但如果长时间慢慢熬煮的话，也可以熬煮出浓郁的高汤。

飞鱼干

主要原材料为飞鱼。能熬煮出具有独特甜味的高汤。食材具有稀少性、高级性等特点，除了用于日式料理外，也是制作拉面高汤的最佳选择。

牡蛎干

以牡蛎为原材料制作而成的干货食材。能够熬煮出充满牡蛎风味且鲜味多样的高汤。另外，也可以腌渍好放入蘸面酱汁中，让酱汁充满牡蛎风味。

烤日本鳀鱼干

日本鳀鱼干再经烘烤处理后的鱼干，具有浓郁的香气和浓烈的鱼干味道。

整只直接烘烤

烤飞鱼

以飞鱼为原材料，经过烘烤加工处理后制作而成。分为整只直接烘烤和剖开后再烘烤2种类型。

剖开后再烘烤

搭配鱼干一起熬煮高汤的鱼贝·干货·食材

脂眼鲱节

以脂眼鲱鱼为原材料制作而成的脂眼鲱节，味道近似脂眼鲱干，但因为经过烟熏加工处理，熬煮出来的高汤具有烟熏香气。

秋刀鱼节

以秋刀鱼为原材料，能熬煮出味道清爽的高汤。

鱿鱼干（鱿鱼须）

鱿鱼经过干燥加工处理而成，一般不作为制作高汤的主要材料，而用来当辅材以增加高汤的层次。

去壳虾

鲜虾剥掉虾壳，煮沸后经过干燥加工而成，是熬煮虾高汤的首选材料。

干燥虾

用带壳的葛氏长臂虾（又叫红虾、桃花虾）经过干燥加工而成，适合用来熬煮高汤或制作风味油。

日本毛虾（虾皮）

用日本毛虾经过干燥加工制作而成。因为体型偏小，且虾壳柔软，所以大多用来作为配料。

樱花虾

用樱花虾经过干燥加工制作而成。因为樱花虾的壳软肉甜，吃起来还有脆脆的口感，适合作为配料或熬汤的食材。日本产樱花虾品质高，但近年来大多使用的是中国台湾产樱花虾。

帆立贝干贝

用帆立贝的闭壳肌经过干燥加工制成。帆立贝具有独特的浓烈甜味与鲜味，但近年来因为产量减少，价格一直居高不下。

白碟海扇蛤干贝

用白碟海扇蛤的闭壳肌经过干燥加工制作而成。味道比帆立贝干贝淡一些，现在多用来作为帆立贝干贝的替代食材。

花蛤干

先将花蛤去壳，然后用和制作鲣节同样的处理方式，煮熟后烘干。可以熬煮成具有花蛤浓缩鲜味且不带腥臭味的美味高汤。

花蛤浓缩高汤

用此浓缩高汤制作高汤不用添加任何鲜味调味料，就能煮出十分美味的汤。

名词解释

鲣鱼本枯节

用优质鲣鱼经切割、蒸煮、去刺、焙干、修型和多次霉菌腌渍和晾晒制成。

鲣鱼花裸节

用优质鲣鱼经切割、蒸煮、去刺、焙干、修型制成。

白绞油

经过精炼的油，比普通色拉油更黏稠，常用作炸油。

昆布

日本的昆布和中国的海带不是同一食材。日本的昆布指海带科海带属的多个物种，常见的有四种：真昆布、罗臼昆布、利尻昆布和日高昆布。

①真昆布是昆布中的特级品，肉质厚实，形状较宽，风味上乘。②罗臼昆布是日本北海道罗臼出产的上等昆布，美味可媲美真昆布。形状较宽，味道香浓甘甜，肉质软薄。③利尻昆布是日本北海道利尻岛附近出产的昆布，肉质扎实，略带咸味。④日高昆布是日本北海道日高沿岸一带的昆布，质地柔软，形状细长。

鲣节

鲣鱼煮熟后历经多次烟熏的鲣节称为荒节；再削去表层焦油和修整形状的称为裸节；然后经五六次霉菌腌渍和

日晒干燥的称为本枯节。鲣鱼本枯节选材好，工艺复杂，味道相对柔和，品质上乘，价格也最贵。

宗田节

用日本高知和鹿儿岛的名产宗太鲣（也称宗田鲣）制作的鲣节。

鲭节

制作工艺同鲣节，其他鱼如鲔鱼、秋刀鱼等也可按此工艺做成"节"。

三温糖

一种精制度较低的褐色砂糖，甜味比其他糖强一些。

浓口酱油

相当于中国的老抽，颜色很深，呈棕褐色，有光泽，鲜美微甜。

淡口酱油

相当于中国的生抽，口味和颜色较淡，但含盐量较高。

味淋

相当于中国的料酒，但甜度更高。

小松菜

日本的绿色蔬菜，又名日本油菜、冬菜或鸢菜。

秋本拉面

■ 地址：日本神奈川县横滨市

■ 特制酱油拉面

　　以鲣鱼本枯节打造上等的鲜美味道，以鲣鱼花裸节打造震撼味蕾的清汤拉面。汤头使用的主要食材是鸡，还加入了鱼干和昆布等食材使味道更加鲜美。因此，汤头的美味令人印象深刻。配菜有 2 个特制鲜虾馄饨、叉烧肉、半熟鸡胸叉烧和溏心蛋。

■ 盐味拉面

面有细面和粗面两种供客人选择，这里更推荐含水量低的细面。使用麦香浓郁的全麦面粉制作而成的面条，不仅口感紧实，而且可以充分吸附汤汁。为了增加酱汁的鲜味和酸味，制作时会加入番茄干。由于酱汁中盐的味道会被冲淡一些，所以加入矿物质含量较高的藻盐来增强咸味。摆放在碗中用于点缀的是腌红椒和姜丝。

■ 鲣鱼酱油蘸面

这是一碗充满浓郁鲣鱼香味的蘸面。使用的是和拉面同款的酱油酱汁，再加上糖、醋、蒜泥、风味油、鲣鱼油、鲣鱼粉、洋葱酥调制成蘸汁。然后加入水淀粉将蘸汁调至黏稠。面条汁是充满鱼干风味的昆布汤，可以更衬托出蘸汁的鲜美味道。

用精心熬煮出的鲣鱼清汤制作的清汤拉面1天可以卖出150碗面

店主秋本博树先生曾在各类拉面店工作过，拥有丰厚的实力。他运用在众多拉面名店中磨炼出的经验，制作出简单但极具个人风格的以鲣鱼为主要食材的清汤拉面。店里虽然只有 7 个吧台座位，但工作日每天可以卖出 130~150 碗拉面，颇具人气。另外，每周日，以及 10 月到第二年 4 月的每周三为"味噌日"，每天可以卖出 150~170 碗。

▶汤头制作流程

```
罗臼大昆布（北海道罗臼出产）、根昆布（昆布
的根部部分）、干香菇泡水静置一晚
            ↓
将猪五花肉、整只鸡、鸡骨架和以上材料
一起加水熬煮
            ↓
煮至 90℃后，捞出两种昆布和香菇
            ↓
温度保持在 95℃，继续熬煮 2 小时 15 分钟
            ↓
放入鲭节、鲣鱼本枯节和 2 种飞鱼干
            ↓
捞出猪五花肉
            ↓
放入鳀鱼干和鸡油，用小火加热，
并适当调整水位
            ↓
捞出浮在上方的鲣鱼油
            ↓
加入鲣鱼花（鲣鱼烘干削成的薄片，又叫柴鱼片）
            ↓
捞出食材
            ↓
再将鲣鱼油倒入高汤中
            ↓
过滤
            ↓
再次捞出浮在上方的鲣鱼油
            ↓
将高汤急速冷却后，放入冰箱中冷藏保存，
第二天再使用。
```

汤头

熬制汤头的主要原料是鸡，再搭配鲣鱼本枯节的浓郁香味、飞鱼干的甜味、鳀鱼干的咸辣味和根昆布的独特香味，追求的是多种味道叠加的平衡口感。但主角始终是鲣鱼。最后，还要加入富含油脂的鲣鱼花，来增添普通鲣鱼干所没有的冲击力。各种材料放在一起熬煮出高汤，是出于对味道更好融合的考量。另外，为了让所有食材的味道呈现出一体感，叉烧肉也会用海鲜汤熬煮。将汤头放入冰箱冷藏后味道更佳，所以制作完成的汤头要在第二天再使用。

─────── 【 材料 】 ───────

整只鸡（老母鸡）、鸡骨架、罗臼大昆布、根昆布、干香菇、鳀鱼干、猪五花肉（叉烧肉）、3种鲭节（屋久鲭鱼本枯节、枕崎产本枯节、枕崎产裸节）、鲣鱼本枯节、2种飞鱼干（日本产、非日本产）、鸡油、鲣鱼花、纯净水

将整只鸡和鸡骨架泡水一晚，进行解冻。

罗臼大昆布、根昆布、干香菇泡水静置一晚。静置前可以点火加热至快要沸腾，然后熄火浸泡，这样做出的高汤会更加鲜美。根昆布和干香菇可以事先放入纱布袋子中，方便熬煮之后取出。

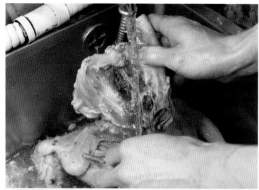

3

用清水洗净鸡骨架，并将内脏清除干净。

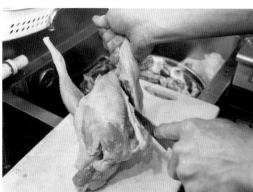

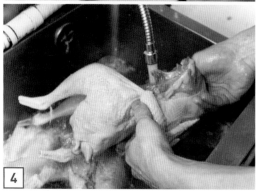

4

为了快速熬出鸡汤的味道，在整只鸡的鸡腿根部划一刀。用流动水将身体内部清洗干净。

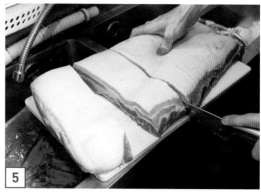

5

将做叉烧肉用的猪五花肉切成每块 8 厘米宽。

6

在圆柱形深底锅中倒入水，然后放入猪五花肉、整只鸡、鸡骨架。因为猪五花肉容易浮在水面上，所以先将猪五花肉放在深底锅的最下层。在捞出猪五花肉前不要翻动。

7

将步骤 2 的材料及高汤也倒入深底锅中。

煮好后，放入除屋久鲭鱼本枯节之外的鲭节、鲣鱼本枯节和 2 种飞鱼干。为了使叉烧用猪五花肉也具有海鲜风味，需要将汤汁与猪肉煮融合。所以最先放入鲣鱼本枯节和 2 种鲭节。然后，放入 2 种飞鱼干和屋久鲭鱼本枯节。

10

8

盖上锅盖，用大火加热。煮至快沸腾时，打开锅盖。待汤温达到 90℃ 时，捞出两种昆布和香菇，并捞除浮沫。

11

猪五花肉煮至软烂后取出。然后将屋久鲭鱼本枯节浸泡在汤中。

9

将温度保持在 95℃，继续熬煮 2 小时 15 分钟。

12

加入鳀鱼干和鸡油，用小火加热。如果汤少，可以加水调整水位。

13 温度保持在 90℃，继续熬煮 1.5 小时，捞出浮在上方的鲣鱼油。

14 加入鲣鱼花，继续熬煮 2 小时。汤温保持在 90℃。

用笊篱和汤勺将锅中的食材捞出。捞出时轻轻按压出鱼类食材中的汤汁。

15

16 捞出锅中的食材后，再将步骤 13 中捞出的鲣鱼油倒入深底锅中，与汤汁混合。

17 过滤汤汁。

过滤后，再次捞出浮在表面的鲣鱼油。将鲣鱼油坐入冰水中冷却，另作他用。

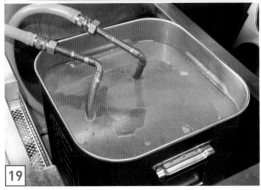

将冷却铜管放入高汤中，通过铜管中的冷水使汤急速冷却，没有冷却铜管就连锅坐入冰水中冷却，然后放入冰箱冷藏。

叉烧肉

叉烧肉主要使用猪五花肉制作。猪五花肉先用高汤炖煮，再用专用酱汁腌制，最后用烤箱烤成叉烧肉。将五花肉放入烤箱中烤至焦黄，不但可以激发出肉的香味，还可以让酱汁充分渗入肉中，更加入味。酱汁每天都会加热煮沸一次，所以可以在常温状态下保存。砂糖使用粗粒砂糖，有深厚浓郁的口感。除此之外，还使用了半熟鸡胸肉叉烧和真空低温烹饪后放入烤箱烤制、再吊挂熏烤的肩胛肉，每种肉会用在不同的特制拉面中。

—————— 【 材料 】 ——————

汤头制作中的猪五花肉、叉烧肉酱汁（浓口酱油、味淋、三温糖、日本产大豆酱油、粗粒砂糖、生姜）

为了不让油渗进肉中，要将浮在叉烧肉酱汁上的油捞除。

开大火加热至沸腾，同时加入浓口酱油、味淋、三温糖、日本产大豆酱油、粗粒砂糖和生姜。生姜事先切片后冷藏保存。浓口酱油、味淋和三温糖可以事先调好。

3 酱汁煮沸后改用小火加热 10 分钟后熄火。在此过程中，随时捞除表面浮沫。

5 大约腌制 3.5 小时后，取出五花肉，放入预热至 250℃的烤箱中烤 7~8 分钟至上色。

6 使用喷枪将表面烧至棕红色。

4 将汤头制作中捞出的猪五花肉趁热浸泡在叉烧肉酱汁中。将五花肉有肥肉的一面朝下放入酱汁，然后压上重物。

7 待肉散掉余热后，包裹两层保鲜膜，放入冰箱冷藏。在放入冰箱时，注意要将有肥肉的一面朝上放置。如果肉没有冷却的话会很难切，所以一般第二天再使用。使用前，会放在深底锅中加热一下。

风味油

以洋葱、大葱、大蒜和生姜等有特殊香气的食材为基础，搭配上菠萝和苹果的酸甜味，制作出味道丰富、令人回味的风味油。风味油会和鲣鱼油混合使用。如1碗酱油拉面需要300毫升高汤、30毫升酱汁、20毫升鲣鱼油和10毫升风味油。虽然使用的油量高达30毫升，但是其中包含炸过的蔬菜和水果。在准备过程中需要注意大蒜容易吸油，要等油热后再将大蒜放入锅中。另外，需要注意水分较少的大葱不要烧焦。

-------------------【 材料 】-------------------

白绞油、洋葱、大葱、大蒜、苹果、菠萝（罐头）、姜泥、韩式辣椒粉（粗粒）等

1 将洋葱、大葱和大蒜切成粗粒，苹果削皮去核后切碎，菠萝也切碎备用。然后将姜泥和韩式辣椒粉充分搅拌混合。

2 将白绞油倒入锅中，放入洋葱，油炸 20~30 分钟至褐色。洋葱开始变色后改为小火，调整为有油炸声的程度。

3 注意不要炸糊，可以适当搅拌。如果油量减少，可以适当加油，防止炸糊。

4 改小火后再炸一会儿。

5 洋葱全部炸至褐色后，捞出。

6 将大葱倒入油中，用中火炸至变色后，改为小火。可以适度搅拌，防止炸糊。

7

炸约 20 分钟后将大葱盛出，然后将切好的苹果倒入油中，用大火油炸。

8

5 分钟后加入菠萝，炸至褐色。

9

在事先调配好的姜泥和韩式辣椒粉中，倒入炸过苹果和菠萝的热油。

10

在锅中倒入新油，油热后倒入切好的蒜末，用小火炸至褐色。

再将炸过蒜末的热油倒入步骤9中。

11

将炸过的洋葱、大葱和蒜末充分搅拌，然后倒入步骤9中。

12

13

加入适量新油，充分搅拌混合。

面条

根据菜单面条会准备3种。酱油拉面使用的面条是14号面刀（2.14毫米面宽）切成的扁面，口感顺滑，需要煮3分40秒。

盐拉面使用的面条是18号面刀（1.67毫米面宽）切成的面，是吃口紧实筋道的含水量低的面，煮面时间设定在1分10秒。盐拉面也可以使用和酱油拉面一样的粗面。

蘸面使用的面条是14号面刀（2.14毫米面宽）切成的手揉卷面。为了让客人有吸溜的感觉，面条会切得比较长，煮面时间为3分30秒。

蘸面用

盐拉面用

酱油拉面用

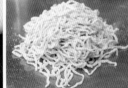

鲜虾馄饨

馄饨是特制配菜，1碗面中放2颗。当然也可以单点，3颗200日元（约10元人民币），1天大约可以卖出100颗。馄饨用到的主要食材是虾仁，之前使用过虾肉泥，但是为了令口感更佳，换成了现在的虾仁碎。注意不能切得太碎，这样才可以保证口感。在与其他馅料充分混合前，会撒一些淀粉，这样可以让虾仁的口感更加嫩滑。肉馅使用的是鸡肉馅，为了让肉味更加浓郁，店家选择了油脂丰富的鸡腿肉。另外，还加入了充满肉汁的鸡背肉，让馄饨的馅料浓香多汁。

—————— 【 材料 】 ——————

虾仁、盐、淀粉、马蹄、洋葱、生姜、鸡背肉馅、鸡腿肉馅、日本国产丸大豆酱油、蚝油、绍酒、白胡椒、三温糖

2

将马蹄切成小粒，洋葱切碎，生姜切末。可以事先将调味料调配在一起。

将鸡背肉馅和鸡腿肉馅充分混合成有黏性的肉馅。

3

1

将每个虾仁切成两半，然后撒上盐和淀粉。

在肉馅中加入切碎的姜末、洋葱和马蹄，然后搅拌成馅。

4

5 将步骤 1 的虾仁和步骤 4 的肉馅混合在一起，再加入调配好的调味料，搅拌均匀。

6 放入冰箱冷藏一天。然后，用保鲜膜包裹后，冷冻保存。

7 在制作馄饨前，将肉馅提前一天从冰箱中拿出解冻。一般在早上包出营业当天需要的量。1 颗馄饨使用 6~8 克的肉馅，将肉馅放到馄饨皮上，然后对折成三角形，再捏出褶皱。

涡雷拉面屋

■ 地址：日本神奈川县藤泽市

■ 酱油拉面

这款拉面的汤头是以美味的"黑萨摩鸡"制作的高汤为基础，再加上海鲜高汤，追求的是二者间平衡的味道。在制作汤头时尽可能展现出朴实简单的味道，这样可以充分品味出食材本身的味道。为了避免酱油的味道过于浓烈，这款拉面与"盐味拉面"相比，会多放一些鸡油。熬煮笋干和溏心蛋的"一号高汤"是用鲣鱼节和罗臼昆布熬制而成的。和大多数使用鲣鱼高汤的店铺不同，这家店选择了充满独特个性的三文鱼。

■ 盐味拉面

　　这是一款漂浮着彩色粒米通（网店有售，是日式茶泡饭中的常用食材）、看起来十分赏心悦目的拉面。与味道简单的酱油拉面相比，这款拉面追求的是更加复杂丰富的味道。虽然使用的汤头和酱油拉面差不多，但它以蛤蜊高汤为基础，加入了各种食材的美味，再与盐酱重叠在一起，产生令人印象深刻的独特味道。考虑到口感与外观，将配菜中的九条葱（产于日本京都九条，味道清甜，有点类似中国的香葱）切成了细丝。为了防止葱丝干燥，用水清洗后再使用，这样做也可以保持住新鲜的绿色。

■ 雷拉面

　　这款拉面使用的"雷酱汁"在酱油拉面的酱油酱汁中加入了味噌、豆瓣酱、辣椒等食材。这款拉面中使用了大量酱汁，为了防止面汤温度下降，会将汤头和九条葱（见 25页）的根部用锅加热后再提供给客人。此外，还会加入用红绿两种花椒制成的"辣油"，更加突出香料的味道。将味噌肉末加入甜辣味的酱汁中，可以吃出隐隐约约的麻痹味觉的香味。最后加上一片柠檬，不但可以增添一些酸味，还会使汤汁变得更加清爽。

拥有众多粉丝
精心制作的无化学调料的拉面

　　作为人气拉面店之一，这家店精心制作出的拉面广受好评。虽然只有鸡汤和海鲜高汤的组合，但通过酱汁和油的种类、配比的变化，制作出了6种招牌拉面。这家店拥有众多远道而来的客人，很多人是专程而来，常常点4块叉烧肉、2倍笋干、溏心蛋、3片海苔，"包含所有配菜"拉面的点单率很高。人均消费1050日元（约55元人民币）左右。

海鲜汤头

　　因为不同食材充分散发出香味的温度不同，所以需要先将食材分别处理好，最后再混合到一起。鱼干类食材主要使用的是鲹鱼，用烤箱烘烤后，再将鲹鱼放入锅中熬煮，这样可以抑制鲹鱼独有的腥味，从而使高汤的味道更加鲜美。

──────── 【 材料 】 ────────

天然二等罗臼昆布、冷冻蛤蜊、厚削鲭鱼节、鲣鱼本枯节、鳀鱼干、鲹鱼干、秋刀鱼干、米醋（千鸟醋）、纯净水

昆布高汤

1 将罗臼昆布在纯净水中泡一晚。

2 将罗臼昆布加热至60℃，然后关火。在恒温容器中保持温度不变，放置1小时。

1小时后，昆布的香味会达到最佳程度，然后取出昆布另作他用。将昆布高汤坐在冷水中冷却后，放入冰箱冷藏一晚。

▶汤头制作流程

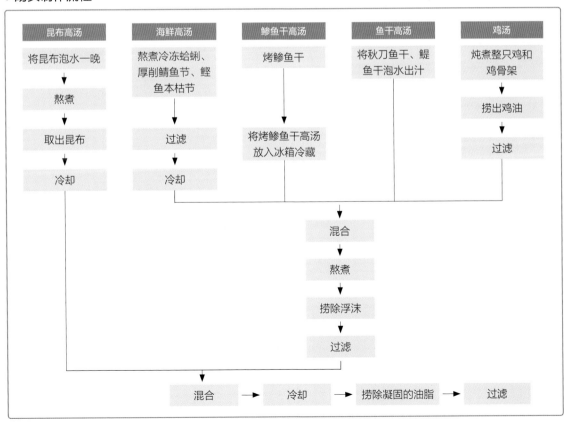

昆布高汤	海鲜高汤	鲹鱼干高汤	鱼干高汤	鸡汤
将昆布泡水一晚	熬煮冷冻蛤蜊、厚削鲭鱼节、鲣鱼本枯节	烤鲹鱼干	将秋刀鱼干、鳀鱼干泡水出汁	炖煮整只鸡和鸡骨架
↓	↓	↓		↓
熬煮	过滤	将烤鲹鱼干高汤放入冰箱冷藏		捞出鸡油
↓	↓			↓
取出昆布	冷却			过滤
↓				
冷却				

混合 → 熬煮 → 捞除浮沫 → 过滤

混合 → 冷却 → 捞除凝固的油脂 → 过滤

海鲜高汤

在煮沸后的纯净水中加入冷冻蛤蜊、厚削鲭鱼节和鲣鱼本枯节，然后开火加热。煮沸后将温度保持在85℃，继续熬煮1.5小时。

1小时后味道会达到最佳程度，关火，过滤。将海鲜高汤坐于流动的冷水中冷却后，放入冰箱冷藏一晚。

鲹鱼干高汤

将鲹鱼干放入预热至150℃的烤箱中烤30分钟。

将烤好的鲹鱼干放入纯净水中，放入冰箱中冷藏一晚制成高汤。

鱼干高汤

将秋刀鱼干和鳀鱼干放入加了米醋的纯净水中，放入冰箱冷却一晚制成高汤。

完成海鲜汤头

【 材料 】

昆布高汤、海鲜高汤、鲭鱼干高汤、鱼干高汤

将昆布高汤和海鲜高汤倒入深底锅中，然后将泡好的鲭鱼干高汤、秋刀鱼干和鳀鱼干高汤也倒入锅中。

用中小火加热 5 小时左右，将最开始出现的浮沫捞除干净。

5 小 时 后 关火。用笊篱慢慢捞出食材，将汤头过滤干净。注意不要挤压食材，防止内脏的苦味浸到汤中。

黑萨摩土鸡汤

因为土鸡香味浓郁，并且具有很高的营养价值，所以选用土鸡中香味更浓郁的黑萨摩鸡。不仅是整只鸡，鸡骨架也十分美味，这也是黑萨摩鸡的魅力之一。另外，肝脏也有浓郁香味，所以制作时也会保留除了肺部之外的内脏。将黑萨摩鸡的鸡油和高汤一起熬煮，可以使汤头变得更加香浓。

【 材料 】

整只鸡（黑萨摩鸡）、带颈鸡骨架（黑萨摩鸡）、鸡油（黑萨摩鸡）、纯净水

将带颈鸡骨架泡入水中去除血沫。因为鸡肺会有腥臭味，所以要将肺部去除干净。而肝脏则十分美味，不需要去除。

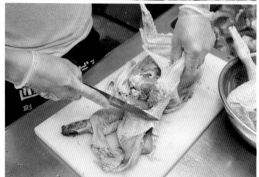

1 将整只鸡按照鸡腿、鸡翅、鸡里脊、鸡胸肉这些部分拆开，然后放入深底锅中。

3 将清理后的带颈鸡骨架、鸡油和纯净水放入步骤1的深底锅中。放入鸡骨架前，需要将颈部骨头折断，这样可以让骨髓更容易流出。

4

当汤温达到95℃后熬煮1.5小时，将浮在表面的鸡油捞出、过滤，放入保鲜盒中，用冰水急速冷却后，放入冰箱冷藏保存。

5

捞出鸡油后，保持95℃再熬煮3.5小时。这个过程不用捞除浮沫，关火。为了防止汤头变混浊，需要小心捞出鸡骨架。然后，过滤锅中的鸡汤。

完成营业用汤头

────────── 【材料】──────────

海鲜鸡汤

1

将过滤好的海鲜汤头和鸡汤按2：1的比例混合在一起。

2

将汤头坐入冷水中，充分冷却。冷却后，放入冰箱冷藏一晚。汤头上面遇冷凝固的油脂会氧化，第二天要将凝固的油脂捞除干净。

3

将高汤中的油脂全部过滤掉，小油渣也要捞除干净。盛放高汤的容器如果太大的话，操作起来会比较困难，所以将高汤盛入营业时用的10升容器内。

4

为防止汤头变质，需要冷冻保存。在营业时，捞出所需的量用小锅加热后使用。

叉烧肉

低温烹调时，如果能掌握好火候，肉质比较硬的猪腿肉也会变得软嫩好吃。涂上一层糖是为了锁住肉汁。涂上一层粗盐是为了破坏肉的纤维，使肉质更加软嫩。用烤箱烘烤是出于对叉烧肉外观色泽和香味的考量。店家认为，店外飘着的香味也是一种广告。

【 材料 】

猪腿肉（岩手有住出产的猪肉）、三温糖、粗盐、叉烧肉用酱油酱汁（浓口酱油、味淋、三温糖、料酒）、纯净水

1
将猪腿肉切块，用细线捆绑固定形状。将三温糖涂在肉上，再涂上粗盐。为防止风干，在下面垫上厨房用纸，然后放入冰箱冷藏一晚。

2
将猪腿肉放入塑料袋，然后放入水中，挤压出袋中空气至真空状态。

3
将猪腿肉放入盛有热水的锅中，盖上保鲜膜保温，进行低温烹调。

4
在塑料袋中放入事先准备好的冰镇叉烧肉用酱油酱汁，然后放入刚煮好的叉烧肉，包好后放入冰水中散掉余热。待叉烧肉放凉后，直接放入冰箱冷藏一晚。

5
第二天，将叉烧肉从袋中取出，放入预热至300℃的烤箱中，烤制5分钟。5分钟后，翻面，再烤制5分钟。散掉余热后，解开细线，即可直接使用。

细面

酱油拉面和盐拉面使用的是20号面刀（1.5毫米面宽）切成的方形切口直面（截面为方形直角）。面条使用了6种不同种类的面粉："春丰"面粉味道出众、"春恋"面粉香气浓郁、"春煌"面粉口感爽脆、"Kaorihonoka"面粉口感顺滑、"梦之力"面粉筋道有力、"春恋（全麦粉）"兼具味道、香气和营养。店家希望制作出光滑顺口又筋道的面条。加水率为35%，根据湿度的不同会上下调整1%。煮制时间为1分50秒。

【 材料 】

春丰（高筋面粉）、春恋（高筋面粉）、春煌（高筋面粉）、Kaorihonoka（中筋面粉）、梦之力（超高筋面粉）、春恋（全麦粉）、食用碱面、纯净水、粗盐、蛋黄、鸡蛋、玉米淀粉（扑面）

1 将食用碱面、纯净水、粗盐、蛋黄和鸡蛋充分混合，搅拌均匀。

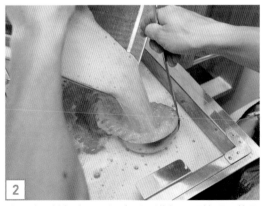

2 将6种面粉与步骤1混合后，进行和面处理。使用混合机搅拌3分钟后，打开盖子，并将附着在周围的面粉清理干净。

3 第二次和面的时间为5分钟。和面后的目标温度为26℃，如果温度低的话，需要再次搅拌，通过摩擦提高面团的温度。

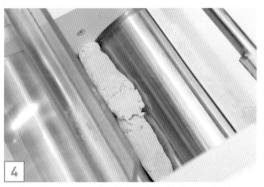

4 因为松散的面团放在滚筒间容易掉落，所以将面团捏成棒状后，再放入滚筒制成面片。

5 压成3毫米厚的宽面片。

扩大滚筒间的宽度进行整合处理。第1次合成后将面片厚度调整为3.48毫米，第2次合成后厚度调整为4毫米。

6

7

为防止风干，用塑料袋套上面片卷，夏天放置30分钟，冬天放置45分钟，完成醒发。

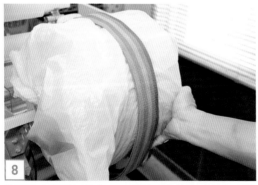

8

为了防止醒发不均匀，30分钟（冬天45分钟）后将面片上下翻面，再次醒发30分钟（冬天45分钟）。

撒上玉米淀粉，再次压面，完成后的面片厚度为2.84毫米。

9

10

再次撒上玉米淀粉，进行压面，完成后的面片厚度为1.84毫米。

11

压制后，切成面条。完成后的最终厚度为1.3毫米。将根根分明的面条放入冰箱冷藏一晚后，即可使用。

八兵卫拉面屋

■ 地址：日本长野县安云野市

■ 本白味拉面

这是使用"回笼汤"技法制作出的长滨拉面。以猪头骨为主要原料熬煮出的奶白色汤头，味道浓郁，十分可口。去除了独特的腥味后，吃起来更加顺口。大碗中放入了汤头、猪油和酱油酱汁。另外，还放入了用同款酱油酱汁腌制的木耳、小葱和2片薄切叉烧肉。面条使用的是以高筋面粉为主的特制混合面粉，口感清爽有嚼劲。

■ 蘸面（大份）

　　这款蘸面和长滨拉面一样，使用同样的豚骨（猪骨）汤头和酱油酱汁，加上醋、白糖、香油、纯辣椒粉、小葱和葱白，打造出与众不同的美味。面条并不使用流行的光滑类面条，而是使用家系豚骨（猪骨）酱油拉面同款的筋道面条。用 15 号面刀（2 毫米面宽）切成的有点卷曲的扁面，加水率为 36%，煮制时间为 6 分钟。普通分量为 225 克，也提供 375 克的大份。泡面的汤头和蘸汁使用同款豚骨（猪骨）汤调制而成。

■ 本黑味拉面

　　将本白味拉面中的猪油换成了香油，成就另一种令人印象深刻的拉面。使用的香油混合了多种不同焦香程度的大蒜，使汤头拥有浓厚的味道。搭配极细硬面100克，加水率为27%~28%，使用的是26号面刀（1.15毫米面宽）切成的圆面。因为含水量低的面很容易散发出麦香味，所以只加入少量碱水即可。如果想要极硬口感的面条，需要煮10秒钟，硬面煮20秒，普通面煮30秒，软面煮50秒，极软面煮1分20秒。

将正宗长滨豚骨（猪骨）拉面推广开来的先锋

八兵卫拉面屋开店至今已有15年，工作日每天可以卖出300碗，周末会卖出400碗，是一家人气店铺。店家认为"如果在东京，只卖一种拉面的专门店很好，但如果在店铺数量很少的小地方，拉面种类丰富一些，供客人选择会比较好"。因此，这家店供应以招牌的长滨豚骨（猪骨）拉面为代表的家系豚骨（猪骨）酱油拉面，还有二郎系拉面、背脂系拉面和一般豚骨（猪骨）拉面。汤头有长滨豚骨（猪骨）用、家系用、清淡豚骨（猪骨）汤3种。虽然使用同样的酱汁和油，但是汤头不混合使用。由于准备工作很烦琐，而且豚骨（猪骨）汤头的制作需要时间，因此近年来店家重新审视了制作工序，实施了"制作方式改革方案"。用"蒸骨"的方式代替了去血水和事先焯煮，这样不仅可以节省人力、缩短时间，还可以增添汤头的鲜味。

豚骨（猪骨）汤头

以前有去血水、事先熬煮等工序，费力又费时，还会浪费掉最开始熬煮出的浓厚高汤，所以现在不这样做了。而且在煮沸的热水中直接放入猪头骨和猪腿骨的话，血水会溶进汤中，使汤颜色变深，出现杂味。因此，店家采取了用蒸汽先将血水凝固，再熬煮的方法。每天都会加入1次新的骨头。无论是猪头骨，还是猪腿骨，都需2天时间才能把香味完全煮出来。店家考虑到不仅是骨髓和脑花，骨头本身也会出汁，所以选用了体型较小、容易软烂的日本国产豚骨（猪骨）。

【材料】

猪头骨、猪腿骨、纯净水

▶汤头制作流程

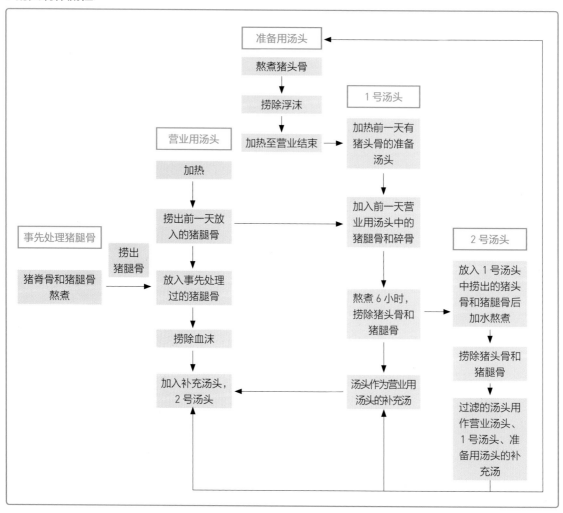

事先处理猪腿骨

1　在深底锅中加水并煮沸，将猪脊骨（其他汤头用）放入锅中，盖上盖子。

2　猪脊骨充分加热后，将切成两半的猪腿骨放入锅中，铺在猪脊骨上方，注意不要将猪腿骨浸入水中。

3　盖上盖子，再次煮沸后，用蒸汽焖蒸35分钟。

4　充分加热后捞出猪腿骨，放入营业用汤头的步骤2中。如果骨头间还有红色，需要继续加热。骨头上会附着一些血块，之后炖煮时会浮在汤上，所以不需要清洗。

准备用汤头

1　在深底锅中加入少量热水，盖上盖子煮沸。当盖子的缝隙中冒出蒸汽后，放入猪头骨，再盖上盖子。

2　再次煮沸冒出蒸汽后，用大火加热1小时10分钟，蒸熟猪头骨。

3　猪头骨充分加热后，在锅中加入热水没过猪头骨。捞除表面浮沫。

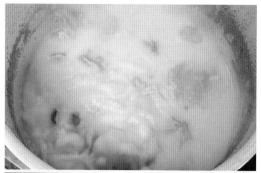

过程中多次调整水位，并捞除浮沫，盖上盖子继续加热至营业结束。如果有渣滓就会糊掉，所以这个阶段不要搅动汤头。

1号汤头

加热前一天的准备用汤头，煮沸后，加入前一天放在营业用汤头锅中的猪腿骨和碎骨。

盖上盖子，调整火的大小至汤头微沸，加热3小时。

3小时后，调至大火。每20~30分钟打开一次盖子，充分搅拌后，再盖上盖子。

炖煮约6小时后，捞出猪头骨和猪腿骨。捞出骨头后的汤头作为营业用汤头的补充汤使用。如果有需要，可以用2号汤头来调整汤头味道。

2 号汤头

1 另取深底锅，放入从 1 号汤头捞出的猪头骨和猪腿骨，然后加入热水至没过骨头。

2 用大火炖煮 3 小时。中途充分搅拌，注意不要煳锅。

3 3 小时后，捞出猪头骨和猪腿骨，过滤汤头。2 号汤头用作营业汤头、1 号汤头、准备用汤头的补充汤，以及调整味道时使用。

营业用汤头

1 用大火将营业用汤头加热至沸腾，捞出前一天放入的猪腿骨。这时，要将沉入锅底的碎骨捞干净。捞出的骨头，包括碎骨都在 1 号汤头的步骤 1 中使用。

2 放入血块已凝固的猪腿骨（事先处理猪腿骨中的步骤 4）。

3 搅拌骨头的话，会有血沫浮在汤上，需要将血沫捞除干净。

营业时间内会一直用火加热，汤头中会有从猪腿骨中散发的鲜美味道。汤上浮出的泡沫不用捞除。过程中，如果水位下降的话，通过加入补充汤头和2号汤头来调整水位和味道。

薄切叉烧肉

薄切叉烧肉是放在微甜浓郁的叉烧肉专用酱油酱汁中充分腌制而成的。叉烧肉分为薄切和厚切两种。厚度为3毫米左右的薄切叉烧肉是长滨拉面系中本味拉面的专用叉烧肉。薄切叉烧肉需要煮2小时，在酱料中腌制50分钟。与之相对的，厚度为1厘米的厚切叉烧肉需要煮3.5小时。因为肉质软烂，易入味，所以在酱料中腌制30分钟即可。厚切叉烧肉在中华荞麦拉面中使用。

---------------- 【 材料 】 ----------------

猪五花肉、鸡肉、猪油、叉烧肉酱汁（浓口酱油、精制白糖、盐）、纯净水

将整块猪五花肉切成 8 等份。

放入加了热水的深底锅中，煮沸。然后放入鸡肉和猪油一起炖煮，这样容易保留猪肉的香味。

3

煮沸后，调至小火，保持80~90℃的汤温，炖煮2小时。注意防止汤温过热，盖子不要盖得太紧，要留一点儿缝隙。

4

酱汁会在前一天调制好，煮沸后备用。第二天，将冷却后的酱汁加入热腾腾的猪五花肉中，腌制50分钟。

辣芥菜

　　腌渍用的酱油酱汁并不在长滨拉面中使用，而是在酱油味更强烈的家系拉面中使用。使用的纯辣椒粉辣中带甜，是一种比较柔和的辣味。在炒制时，散发出的水汽和气味飘散到客席中，会呛到用餐的客人，所以店家不会在营业时间炒制。这款免费的配菜会放在桌上供客人食用，为了防止变质，非营业时间放在冰箱内保存。

───── 【 材料 】 ─────

盐渍芥菜、纯辣椒粉、熟芝麻、豚骨（猪骨）酱油拉面用酱油酱汁、香油

在盐渍芥菜中加入纯辣椒粉、熟芝麻和豚骨（猪骨）酱油拉面用酱油酱汁。

1

2

大火加热，用木铲充分搅拌，炒出水分。

炒干后，加入香油，充分搅拌。冷却后即可食用。

3

魄瑛江户前蘸面

■ 地址：日本东京都中央区银座

■ 特制蘸面

使用100%信州小麦面粉特制的面条，一碗面条为200克。虽然是加水量超低的面条（加水率为25%~27%），却有着含水量高的面条的顺滑柔软的口感。蘸面酱汁是以鸡汤为基底，添加江户前（日本江户那片海域出产）蚬子高汤、盐油酱汁、鸡油和葱调制而成。面条上除了有蚬子慕斯，还有青柠檬片，让客人吃面时能享受多样化的美味。叉烧肉只用盐、胡椒、酱油简单调味，表面稍微烤过以增添香气，还一次给足用牛腿肉、猪梅花肉和鸭胸肉三种肉制作的叉烧肉。另外，黑松露也是重要配料之一。

位于银座的松露专卖店"Mucciniltalia"，图为该店里售卖的松露油、松露黄油和松露盐，可以加在蘸面和打了生鸡蛋的米饭上，是充满高级感的美味。

加一些昆布汤在面条里，既可以避免面条粘在一起，还可以增加鲜味。另外，淋上一些松露油增添香气。这是一碗充满丰富香味的特制蘸面。

供应最符合银座这个地方的特制蘸面

"魄瑛江户前蘸面"的特制蘸面中有高级食材松露搭配当地河川里捕捞的蚬子，可以说是一道非常符合银座这个地方风格的特制蘸面。副餐菜单中松露生鸡蛋拌饭（1000日元，约人民币52元）虽然价格偏高，但还是十分受欢迎。

▶汤头制作流程

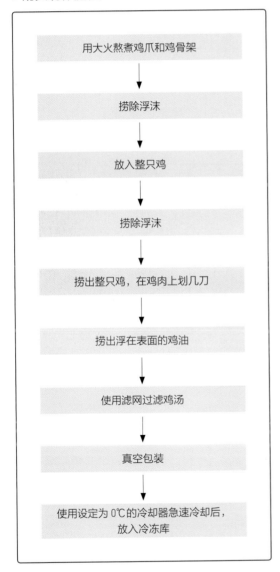

```
用大火熬煮鸡爪和鸡骨架
        ↓
      捞除浮沫
        ↓
      放入整只鸡
        ↓
      捞除浮沫
        ↓
捞出整只鸡，在鸡肉上划几刀
        ↓
   捞出浮在表面的鸡油
        ↓
   使用滤网过滤鸡汤
        ↓
      真空包装
        ↓
使用设定为0℃的冷却器急速冷却后，
      放入冷冻库
```

特制蘸面汤头

基于"蘸面的味道比较丰富，比较具有深度"的想法，在准备工作时要轻轻清洗鸡骨架，但熬煮过程中必须将浮沫捞除干净，这样才能煮出清澈的汤头。选用带颈鸡骨架有助于突显鸡肉的鲜味，更能带出鸡肉本身的独特甜味。由于店铺空间不大，店里所使用的汤头全部交由中央厨房处理，真空包装后再用冷冻方式配送至各店铺。真空包装能避免汤头变质且能长时间保存，方便又好用。各店铺只需要重新加热，并在客人点餐时加入一杯江户前蚬子，就能随时熬煮出最新鲜的高汤。

———— 【材料】 ————

鸡骨架（主要为鸡颈部分）、整只鸡、鸡爪、纯净水、蚬子

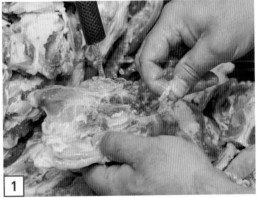

1 用流动清水清洗鸡骨架表面的血水。保留内脏不切除。

用流动清水轻轻清洗整只鸡，鸡身内部也用水冲洗一下。鸡爪不需要清洗。

在深底锅中倒入纯净水，放入鸡爪和鸡骨架后，用大火熬煮。

将浮沫捞除干净。为了使锅里的高汤能够形成对流，一定要确保鸡骨架间的浮沫捞除干净。

沸腾后继续熬煮 2 小时，然后再放入整只鸡。再次沸腾后即可调为小火。保持温度在 90℃，继续熬煮。保持汤汁微沸，一有浮沫就要捞除干净。

整只鸡煮软之后（再次沸腾后熬煮1小时左右），先暂时取出。为了让鸡肉熟透，用菜刀在鸡肉上划几刀。划刀的位置根据鸡的大小调整，鸡腿肉和鸡胸肉上需要划几刀，有助于让肉汁融进汤里。处理好之后再放入深底锅中。

8 关火，用滤网过滤。

7 继续煮1小时后将火调小，再熬煮3小时。捞出表面的油，可以作为鸡油使用。

9 将熬煮好的汤头分别装至5升大小的袋子内，进行真空包装。

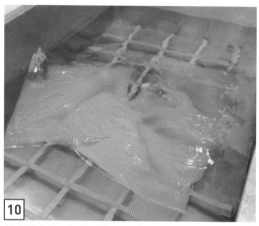

10

放入设定为 0℃的冷却器中急速冷却。

11

汤头冷却后，放进纸箱中，连同纸箱一起放入冷冻库。注意要将塑料袋上的水气擦干，否则冷冻后的塑料袋会粘在一起。

12

汤头运送至各个店铺后，取适量隔水加热后的汤头至小锅中，加入蚬子即可随时煮出美味的高汤。

13

沸腾后加入酱汁和鸡油。

为了防止蚬子里的泥沙跑进碗里，需要先用滤网过滤后，再倒入碗中。

14

鲜香鸡油

只用肉鸡熬煮出的鸡油，缺乏一点鲜味与香味，因此以具有浓郁鸡肉香味的赤鸡（日本鹿儿岛名产）鸡油为主，再搭配汤头中的鸡油，味道更香。

────────── 【材料】 ──────────

赤鸡鸡油（固态）、纯净水、肉鸡鸡油（捞自汤头）

1 将赤鸡的鸡油倒入水里，以大火加热。沸腾后将浮沫捞除干净，关火让水分充分蒸发。

2 放入冰箱冷却后取出。

3 为了让汤头更加顺口，汤头取出的肉鸡鸡油和赤鸡的鸡油以1：4的比例混合在一起。

蚬子慕斯

将盐、鲜奶油、蚬子煮的汤放入冰箱冷藏一晚，第二天用搅拌机打至九分发后，装饰在面条上。蚬子高汤本身很清爽，但奶油溶入高汤后，味道会随之产生变化。

────────── 【材料】 ──────────

鲜奶油（含有47%脂肪）、蚬子、盐

1 将盐、鲜奶油、蚬子倒入锅里加热，沸腾后调为小火，继续熬煮10分钟，萃取出新鲜的蚬子高汤。

2 过滤后，倒入深底锅中，坐于冰块水上冷却。

3 第二天在营业前，用电动搅拌机搅拌至九分发。将面条和配料都盛入碗中后，舀一勺蚬子慕斯浇在上面。

满鸡轩中华拉面

■ 地址：日本东京都墨田区

■ 鸭肉中华拉面（酱油味）

只用鸭骨架和水熬煮出的 100% 鸭汤，再加上 1 种溜溜酱油（刺身用的甜口酱油）。在上面摆上低温烹调熏制的鸭胸肉和鸭腿肉叉烧、小松菜的菜叶、切成段的葱白、研磨成泥的柚子皮。汤中除了漂浮着鸭架熬煮出的鸭油，还会加入几滴鸭肝中烤出的鸭肝油，还有风味油。

■ 鸭肉中华拉面（盐味）

　　这款拉面拥有很高的人气，因为鸭汤里使用的盐包含了德国产的岩盐。这种盐与汤头十分相配，使味道更加鲜美。配菜和酱油拉面相同，但小松菜使用的是菜梗。另外，使用了香气最浓郁的当季柚子皮，磨成泥后冷冻保存，需要时再拿出来使用。面条和酱油款拉面相同，使用100%日本产小麦面粉制作成中粗直面。

■ 鸭肉中华蘸面（酱油味）

蘸面全年供应。为了让味道更加融合，蘸汁由溜溜酱油、日本酒和鸭汤调制而成。面条上方放有鸭胸肉叉烧，装有蘸汁的碗里有一个汤勺，汤勺里是炙烤过的鸭腿肉叉烧。面条是中粗宽面。店里另外备有昆布高汤，可以在加汤时使用。

汤头、油脂和配菜，一鸭多用
1天可以卖出300碗的鸭肉拉面

这家店铺，工作日每天可以卖出200碗拉面，节假日可以卖出300碗拉面。近年来流行用鸭和鸡一起熬煮高汤，但基于"只用鸭来熬煮汤头，会是什么味道呢？"的想法，便有了利用100%鸭汤来煮拉面的念头。使用的食材只有鸭子和水，使用了大量鸭肉，打造充满鸭肉风味的拉面。除了鸭油，也搭配鸭肝油，可以让鸭子的味道更加浓郁。店里除了正统酱油鸭肉拉面之外，招牌菜单里还有在其他拉面店比较少见的盐味鸭肉拉面。

▶汤头制作流程

```
┌─────────────────────────────────┐
│   剖开整只鸭子，取出要制作成叉烧的      │
│        鸭胸肉和鸭腿肉               │
└─────────────────────────────────┘
              │
              ▼
┌─────────────────────────────────┐
│          熬煮剩余鸭肉              │
└─────────────────────────────────┘
              │
              ▼
┌─────────────────────────────────┐
│           捞出鸭油                │
└─────────────────────────────────┘
              │
              ▼
┌─────────────────────────────────┐
│            过滤                  │
└─────────────────────────────────┘
              │
              ▼
┌─────────────────────────────────┐
│            冷却                  │
└─────────────────────────────────┘
```

鸭汤

熬煮120升的汤头，需要使用40只鸭子。1只鸭子仅供约5人食用，是相当豪华的一碗拉面。鸭肉的血水比较多，需要充分去除血水。店里通常会进行3次去血水的工作，之后再开始熬煮汤头，并捞除浮沫，减少独有的腥味，才能熬煮出顺口的鸭汤。添加鸭肝油，让汤头中的鸭肉味道更加浓郁。

———— 【 材料 】 ————

整只鸭、纯净水

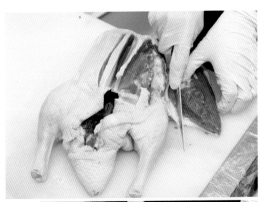

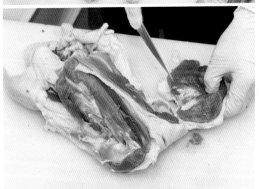

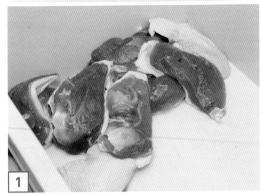

1 将鸭子的内脏清理干净，并切下鸭胸肉的部分，用作叉烧肉。

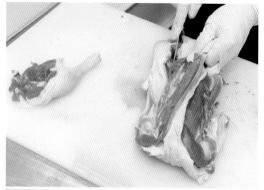

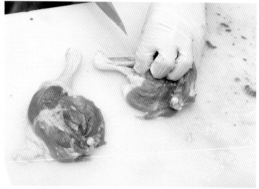

将鸭子从冰箱取出，放入深底锅中，加入适量水，但注意不要没过食材，开大火加热。煮沸后调中火，熬煮 6 小时。熬煮过程中，随时将浮沫捞除干净。

5 煮沸后约 2 小时，稍微改变一下食材位置，让所有食材均匀受热。然后将鸭骨捣碎，这样可以让骨髓溶入汤中，更容易熬出味道。

2 然后，切下鸭腿肉的部分，用作叉烧肉。取出鸭腿肉里的骨头。

3 剩余部位用作熬煮汤头的食材，包上保鲜膜后，放入冰箱冷藏保存。第二天，浸泡在水中，进行 3 次去血水处理。

煮沸后约 5 小时，捞出浮在汤面上的鸭油。鸭油可以用作鸭肉中华拉面（盐味和酱油味）的风味油。

54

用滤网过滤汤头。

将深底锅坐于冷水中冷却。温度降至 20℃ 以下时，放入冰箱冷藏保存，第二天即可使用。

低温烹调叉烧肉

因为店家想要使用整只鸭来制作拉面，所以拉面里的叉烧肉也是选用鸭肉制作的。鸭肉具有嚼劲，如果过度加热的话会变硬，因此使用火候较小的低温烹调法。为了保留鸭肉的美味，只用盐和胡椒进行调味。最后再以樱花木片烟熏一下。与口感紧实的鸭胸肉相比，鸭腿肉嫩滑多汁，表面经炙烤处理后，香味更加浓郁。店家致力于打造能让客人享用口感与味道兼具的拉面。

———————【 材料 】———————

鸭胸肉、鸭腿肉、盐、黑胡椒、樱花木片、纯净水

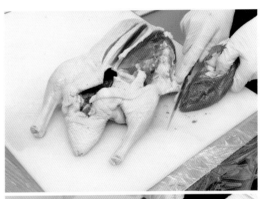

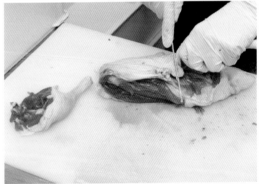

用菜刀切下鸭胸肉和鸭腿肉的部分，去骨后备用。

在鸭腿肉和鸭胸肉上撒一些盐和黑胡椒调味，然后在真空状态下静置1小时，让鸭肉入味。

将鸭肉放进60℃的热水中，加热2小时。

4 从锅中取出鸭腿肉和鸭胸肉，放入冷水中冷却，散掉余热。冷却后放入冰箱冷藏保存，第二天使用。每天早上只取出当天使用分量的叉烧肉备用。鸭胸肉切成7~8毫米厚的肉片，鸭腿肉切成2~3厘米见方的肉块。将切好的鸭肉用樱花木片烟熏30分钟左右来增添香气。鸭腿肉的表面需要用喷枪炙烤处理后，再提供给客人享用。

鸭肉中华拉面（酱油味）的盛装方式

1 碗里倒入溜溜酱油和鸭油。

再倒入鸭汤，用打蛋器充分拌匀。

2

3 在碗中放入煮好的面条、切块鸭腿肉和切片鸭胸肉。块状鸭腿肉用喷枪炙烤处理后再放进去。

4 摆上焯煮过的小松菜菜叶和切成段的葱白。将研磨成泥的柚子皮摆在鸭胸肉上，周围淋上鸭肝油。

小池拉面

■ 地址：日本东京都世田谷区

■ 浓厚拉面

　　这款拉面自 2014 年开业以来就有了。汤头为"鸡白汤与鱼干"的高汤。酱油酱汁是由浓口酱油、味淋和日本酒调制而成的朴素酱汁。因为汤头中混有鸡油，所以不另外添加风味油。叉烧肉使用的是经过低温烹调处理的猪梅花肉，配菜还有洋葱、九条葱（见 25 页）和切成丝的紫洋葱，最后再放一颗鸡腿肉和软骨做成的丸子。

■ 鱼干拉面

　　这款拉面使用和浓厚拉面相同的汤头和酱油酱汁。配菜有辣炒猪肉末、洋葱、韭菜、蒜碎、用白绞油制成的自制辣油。客人可以选择是否加蒜。使用制作猪梅花叉烧肉剩下的碎肉来制作辣炒猪肉末。面条和浓厚拉面一样，都是含水量低的细直面条（煮面时间 1 分钟）。

在前一天熬煮的鸡白汤中
加入3种鱼干

在前一天煮好的鸡白汤中加入大量鱼干继续熬煮，完成一锅"鸡白汤＋鱼干"的汤头。在鸡白汤中加入适量鸡油，来增加浓郁口感，另外再加入濑户内产鳀鱼干（白口）和千叶产鳀鱼干。为了强调鱼干的风味，添加香气较为强烈的熊本市天草县产的鳀鱼干。因为鱼干本身的盐分较多，完成后的汤会比较咸，所以制作浓厚拉面时，1人份180毫升的汤头中，只使用5~10毫升的酱油酱汁调味。

鸡白汤 + 鱼干汤头

汤头一次熬煮将近60千克的鸡骨架时，位于底部的食材容易烧煳，需要分批熬煮。过滤鸡骨架、鸡爪是件相当耗费体力的工作，但使用电动离心式过滤机，就能在30分钟左右轻松完成过滤。

───── 【 材料 】 ─────

鸡爪、背脂、带颈鸡骨架、洋葱、濑户内产鳀鱼干（白口）、千叶产鳀鱼干、熊本天草产鳀鱼干、纯净水

───────────────────

▶鸡白汤 + 鱼干汤头制作流程

```
熬煮鸡爪、背脂、鸡骨架
        ↓
      追加鸡骨架
        ↓
   熬煮至营业结束，关火
        ↓
 隔天再次加热至沸腾并过滤
        ↓
   加入鸡油一起熬煮
        ↓
   加入鱼干一起熬煮
        ↓
       过滤
```

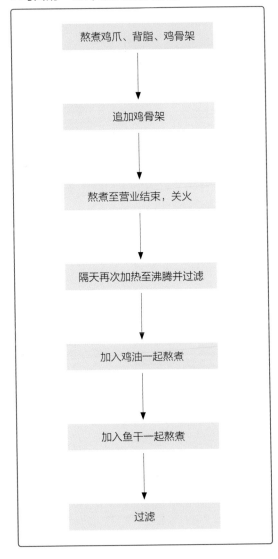

1 在140升的深底锅中放入水和鸡爪，然后放入背脂、洋葱和10千克的鸡骨架后，开火加热。背脂分量约为鸡爪的1/10，洋葱不用太多，制作酱料用剩的就够了。

使用电动离心
式过滤机进行
过滤，30分钟
左右就能完成
过滤。

2 煮沸后再加入10千克的鸡骨架。若将所有鸡骨架全倒进去，位于底部的食材容易烧糊，所以需要分批倒进锅中熬煮。从傍晚5点左右熬煮至晚上10点左右。熬煮过程中时常搅拌一下，但不需要捞除浮沫，也不需要另外加水。煮好即成鸡白汤。

3 第二天营业前，再次煮沸。沸腾后关火并过滤。

另取深底锅，倒入鸡油，然后倒入过滤后的鸡白汤煮至沸腾。

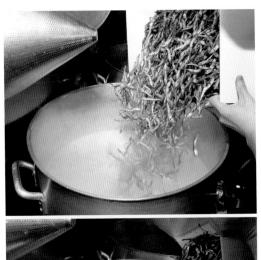

6

沸腾后加入濑户内产鳀鱼干（白口）、千叶产鳀鱼干、熊本天草产鳀鱼干，3种鱼干共10千克左右。搅拌均匀后，继续熬煮。

7

熬煮约40分钟后，过滤。将装有汤头的容器坐于冰水中急速冷却。

六感堂面屋

■ 地址：日本东京都丰岛区

绿拉面（盐味）

　　店主渡边直树先生在大和制面公司的大和面学校上学时，曾用最好吃的"和风高汤"制作出了一款无化学添加的健康拉面。盐味酱汁是将紫贻贝、鲷鱼碎骨、日高昆布和沙丁鱼熬煮出的高汤加入4种食盐制成的，所以面汤中会有丰富的香味。面有两种可供选择，分别是普通拉面和用绿藻粉末制成的绿拉面。口感筋道、颜色美丽的绿色拉面不仅吸引很多人拍照打卡，在注重健康的人群中也收获了好评。在以前，绿色拉面与普通拉面相比有着压倒性的优势，点单比例为8：2。在开店5年后的现在，普通拉面的美味也被越来越多的人认可，点单比例变为了比较平均的6：4。为了尽可能让更多客人满意，一碗面中通常会放上鸡肉和猪肉2种叉烧肉。

■ 特制馄饨面（酱油味）

酱油拉面所使用的酱汁是以小豆岛的山六酱油为主，另外混合其他4种不同的浓口酱油，以及日本鳀鱼干和日高昆布高汤。扎实的酱油味紧紧锁住海鲜高汤的鲜味，有种吃荞麦面或乌冬面的感觉，还加入一些猪油来增加拉面风味。制作面条的小麦面粉由三重县产的准高筋面粉和内含一定麸质的北海道产二等粉混合而成。二等粉带有浓郁香气，但加入太多的话，吃起来会干巴巴的，所以另外混合一些蛋白粉来增加面条的顺滑感。特制馄饨面里有3颗鲜虾馄饨、2片猪肉叉烧、1片鸡肉叉烧和1颗溏心蛋。

配合每周变换的限定拉面，馄饨口味也会跟着改变。使用当季食材，制作独具个性的馄饨。采访当天的馄饨内馅是鸡肉馅、鲷鱼、大蒜和百里香泥。

■ 鱼干拌面

鱼干拌面的面条为16号切面刀切成的中细面（1.88毫米面宽）。店家重视顺滑、筋道的口感，使用澳洲产"特硬麦中筋面粉"为主的面粉制作面条，加水率为38%，一碗拉面的面条约为180克。鱼干拌面的酱汁为猪脊骨高汤，加上浓口酱油、三温糖调制而成的酱油酱汁。先将面条装于碗中，接着加入猪油、充满鱼干风味的鱼干油，然后搅拌均匀。配菜有鸡肉和猪肉叉烧各1片、笋干、洋葱粒、小葱、切碎的海苔片。上桌前再拌入柚子味Tabasco辣椒酱，既有酸味又有辣味，可以一次享受2种截然不同的美味。

绿色面条一举成名！
限量供应仍大受欢迎

　　添加绿藻粉的绿色健康拉面一经推出就立刻成了大家热烈讨论的话题，前来品尝的客人络绎不绝。店家完全不用化学调味料，只用海鲜高汤熬煮汤头。另外，宛如咖啡厅般的时尚装潢，更是受到不少女性客人的喜爱。最近新推出的每周变更的限定拉面和限定饭食同样成了话题。"现代人的热度难以持久，要大家一直吃同一种味道其实非常困难"，因此店里每逢周六、周日、周一，必定推出不同于平日菜单的限定版菜品。

▶ 汤头制作流程

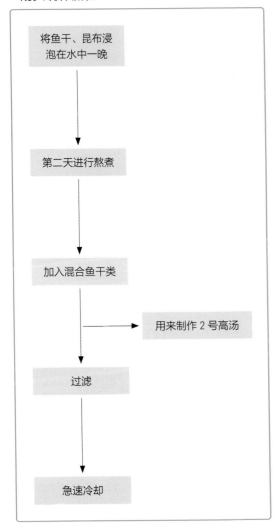

海鲜汤头

　　相比于动物类食材，海鲜成本较高，但处理时间较短，能够迅速完成准备工作。因此店家主要使用干物类制作海鲜汤头。以鲣鱼节为主的话，费用不高又适合搭配各种食材，有助于降低成本。呈现多样化的丰富味道，这也是吸引客人的优点之一。食谱方面特别精心钻研，只要严格遵照食谱的用量、时间、温度，任何人都能做出一样的味道。

——————【 材料 】——————

日本鳀鱼干、日高昆布、混合鱼干类食材（鲣鱼节、鲭鱼节、脂眼鲱鱼节、飞鱼节）、纯净水

1 日本鳀鱼干和日高昆布浸泡在水中1晚。

在深底锅中放入一个有深度的熬汤滤网，倒入日本鳀鱼干和日高昆布高汤。添加足够的水，盖上锅盖，用大火加热。

2

65

另取滤网，铺一张厨房用纸，过滤汤头。

熬煮30分钟左右，温度达到85~90℃后，调小火，并放入混合鱼干类食材。熬煮过程中不用捞除浮沫。

将深底锅坐于冰水中急速冷却，然后放入冰箱冷藏保存。客人点餐后，再用小锅加热需要的分量。

放入混合鱼干类食材8分钟后，拿起熬汤滤网。稍微倾斜滤网，可以让食材间的汤汁滤干。过滤后的食材用于2号汤头。

2号高汤

使用过滤后的食材制作的2号高汤，可以用于煮饭或烫拌青菜、日式煮物。制作担担面的芝麻酱汁时，也可以用2号高汤取代水，用途十分广泛。

———————【 材料 】———————

过滤海鲜汤头后的剩余食材（日本鲣鱼干、日高昆布、混合鱼干）、纯净水

1 在过滤后剩下的食材中加水。

2 用 70℃ 的温度熬煮 30 分钟，然后关火，拿起熬汤滤网。

3 另取滤网，铺一层厨房用纸，过滤汤头。将深底锅坐于冰块水中急速冷却，然后放入冰箱冷藏保存。

鸡肉叉烧

比起隔水加热法，使用能够保持稳定温度的油封烹调法制作鸡肉叉烧更好。需要注意的是，将鸡肉放入锅里时，不要重叠，这样鸡肉才能受热均匀。处理完鸡肉后，再处理猪肉，这样效率更高。

———————【 材料 】———————

鸡胸肉、盐味叉烧肉酱汁（猪脊骨、大蒜、朝天椒、三温糖、冲绳海盐、调味醋）、色拉油

1 去除鸡胸肉的皮和筋，并清洗干净。

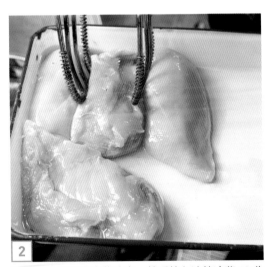

2 浸泡在盐味叉烧肉酱汁中，然后放入冰箱冷藏 60 分钟左右，等待鸡肉入味。

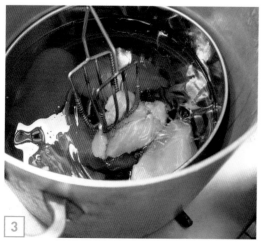

3

将鸡胸肉放入事先加热至 55~60℃的色拉油中以油封法烹制 40 分钟，过程中需要随时留意温度。

4

捞出放到大盘中，翻面使其受热均匀，放至常温。

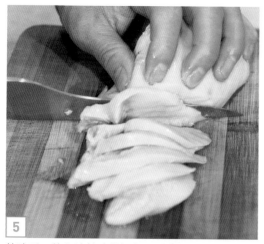

5

放凉后，放入冰箱冷藏保存。刚煮好时太软，不容易切成片，冷藏一晚后再使用。

猪梅花叉烧肉

为了避免食物中毒，一定要将猪肉中心部位加热至75℃左右。一旦温度超过68℃，会因为蛋白质凝固而导致肉质变硬，所以加热时一定要特别注意，尽量兼顾这两点。

---【 **材料** 】---

猪梅花肉、盐味叉烧肉酱汁（猪脊骨、大蒜、朝天椒、三温糖、冲绳海盐、调味醋）、色拉油

1

将猪梅花肉对半切成长条状，用线捆绑好。

2

腌渍在盐味叉烧肉酱汁中，放入冰箱冷藏 90 分钟左右，让猪梅花肉充分入味。

3

色拉油加热至 65~75℃，接着放入猪梅花肉，用油封烹调法烹制 60 分钟左右。

4

然后捞出放入大盘中，经常移动猪肉，并频繁翻面，让猪肉能够受热均匀，放至常温。

5

放凉后，放入冰箱冷藏保存。刚煮好时太软，不容易切成片，冷藏一晚后再使用。

面条

干拌面的面条为16号切面刀切成的宽面（1.88毫米面宽）。绿色面条是由10千克的面粉搭配100克的绿藻粉制作而成。盐味拉面的面条（1.36毫米面宽）则是使用22号切面刀切成的。面粉里加入少许麸质，所以充满了浓郁的香气。

干拌面的面条

绿色面条

盐味拉面的面条

酱油酱汁

混合4种不同的酱油，味道浓郁且有深度，酱油风味格外明显。高汤中使用的食材有日本鳀鱼干和日高昆布。

盐味酱汁

紫贻贝、鲷鱼碎骨、日高昆布、日本鳀鱼干和盐混合，制作成鲜甜的高汤风味酱汁。

干拌面用酱汁

以猪脊骨为基底的高汤，加入了浓口酱油、三温糖，制作成带有甜味的酱油酱汁。由于酱油味比较淡，所以不另外添加味淋。

Bisq 面屋

■ 地址：日本神奈川县茅崎市

■ 招牌拌面

　　自 2016 年开业就有这道面，通常每 3 位客人中就有 1 位会点这款拌面。在微甜的拌面用酱油酱汁中加入蒜泥和鸡油。面条使用的是加水率 40% 的筋道的中粗面条。拌面的面条是店里自行制作的，只使用了日本产小麦面粉。配菜是调味后的辣肉末，再淋上店里自制的辣油。加米饭的话需要另付 100 日元（约 5 元人民币）。

■ 溏心蛋鸡肉拉面

　　汤头是由整只信玄鸡（腥味较小，肉质可口）、整只名古屋交趾鸡（日本知名的三大土鸡之一）、信州黄金军鸡（肉质鲜、热量低）的鸡骨架、鸭骨架和猪腿骨熬出的高汤。酱油酱汁主要使用的是日本岛根县产的无添加酱油，搭配再酿造酱油和2种溜溜酱油，另外再加入鲣节类高汤调制而成。配菜使用蒸汽烤箱进行低温烹调的猪梅花叉烧肉和鸡胸叉烧肉、笋干。风味油为名古屋交趾鸡的鸡油。店家追求的是柔和的美味，因此面条选用加水率37%的日本产小麦面粉的自家制中细面。

每日思考烹调方法与食材
不断提升拉面的美味程度

　　店长松泽一隆先生结束了15年的上班族生活后，转战至神奈川、东京有名的拉面店学习拉面制作，经过5年左右的累积，于2016年12月独立开店。从一开始就以使用无化学调味料、自家制面条及使用日本产食材制作拉面为目标。除了鸡汤、海鲜高汤、鱼干汤头之外，每周四晚上还有限定的鸡白汤拉面。开业后也不断钻研汤头的烹调方法与食材的组合方式，为了进一步提升拉面的美味程度。

▶汤头制作流程

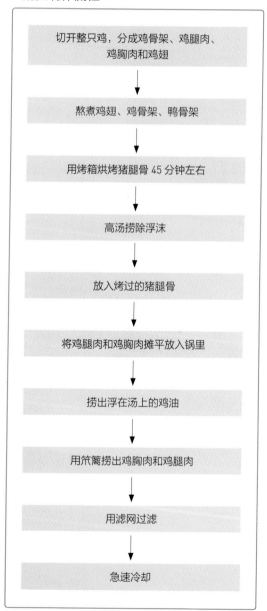

```
切开整只鸡，分成鸡骨架、鸡腿肉、
鸡胸肉和鸡翅
          ↓
熬煮鸡翅、鸡骨架、鸭骨架
          ↓
用烤箱烘烤猪腿骨45分钟左右
          ↓
高汤捞除浮沫
          ↓
放入烤过的猪腿骨
          ↓
将鸡腿肉和鸡胸肉摊平放入锅里
          ↓
捞出浮在汤上的鸡油
          ↓
用笊篱捞出鸡胸肉和鸡腿肉
          ↓
用滤网过滤
          ↓
急速冷却
```

鸡汤

　　以前只用整只信玄鸡和信州黄金军鸡的鸡骨架熬煮汤头，但为了提升风味和鲜味，加入了其他品种的鸡骨架，还不断钻研新的食材组合。目前以整只信玄鸡和名古屋交趾鸡，搭配信州黄金军鸡的鸡骨架和鸭骨架一起熬煮。先将整只鸡切掉鸡胸肉和鸡腿肉的部分，分批和鸡骨架一起熬煮，并且要控制好温度。

———————【 材料 】———————

整只鸡（信玄鸡、名古屋交趾鸡）、带颈鸡骨架（信州黄金军鸡）、鸭骨架（日本国产鸭）、猪腿骨、纯净水

———————————————————————

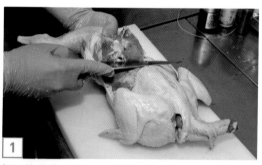

切开信玄鸡和名古屋交趾鸡，分成鸡骨架、鸡腿肉、鸡胸肉和鸡翅这些部位。肉和骨头部分的熬煮时间不同，要事先切好。信玄鸡和名古屋交趾鸡使用的数量要相同。

为了让鸡腿肉、鸡胸肉的美味肉汁更容易溶入汤里，需要事先用菜刀在肉上划出格子纹。鸡腿肉需要先切开后，再划上几刀。

3

为了捞取名古屋交趾鸡的鸡油，所以事先切除信玄鸡的皮。而名古屋交趾鸡的皮则连着鸡肉一起放入深底锅中熬煮。

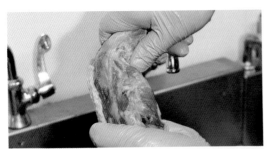

4

选用信州黄金军鸡的带颈鸡骨架是因为这种鸡的脖颈比较粗，而且鸡颈肉也比较多。先用清水将鸡骨架洗净，另外为了让鸡骨架的骨髓容易溶入汤中，所以折断后再放入锅中熬煮。

5

在深底锅中放入除鸡胸肉、鸡腿肉和猪腿骨之外的材料，开大火并盖上锅盖，煮至沸腾。

6

利用熬煮鸡骨架和鸭骨架的期间来准备猪腿骨。将猪腿骨切成小段，放入 180℃ 的烤箱中烘烤 45 分钟左右。烤过之后再熬煮，有助于让骨髓更快流出。

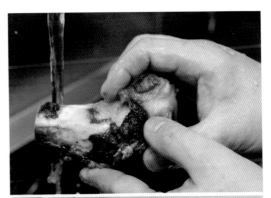

7

将烤过的猪腿骨置于室温下冷却，用清水洗掉烤焦的部分。

8

鸡骨架和鸭骨架的汤沸腾后，调为小火继续熬煮。然后，捞除汤上的浮沫。因为使用的是新鲜的鸡骨架，不需要为了消除腥味而放入调味的蔬菜。

10

然后，将信玄鸡和名古屋交趾鸡的鸡腿肉、鸡胸肉平铺在锅里。为了让鸡肉的肉汁更容易溶进汤里，将划有格子纹的一面朝下放入。将火候控制在96℃，继续熬煮5小时左右，熬煮过程中不要搅拌。

9

捞除浮沫后，将猪腿骨摆在鸡骨架和鸭骨架上方。为了避免汤汁混油，要将猪腿骨轻轻放入锅里。

11

约5小时后，捞出表面的鸡油。过滤后鸡油可以作为风味油使用。

12

然后，用笊篱捞出鸡胸肉和鸡腿肉。因为鸡肉还留有鲜味，所以先放入冰箱冷藏保存，可以用作限定菜单的鸡白汤材料。

13

取出鸡肉后，用滤网轻轻过滤汤。注意不要按压食材，让汤自然流过滤网即可。

14

过滤后将容器坐于冰水中急速冷却，之后再放入冰箱冷藏一晚。营业时再用小锅加热需要的分量。

拌面用面条

使用北海道产和长野县产的面粉，以7∶3的比例混合制作而成的面条。拌面的面条使用的是有嚼劲且容易吸附酱油酱汁的中粗面条。使用和鸡肉拉面相同汤头的清淡蘸面，面条用10号切面刀（3毫米面宽）切制，比较薄且较宽。

———————— 【 材料 】————————

长野县产小麦面粉（梦世纪、花满点）、北海道产小麦面粉（梦之力、梦香）、鸡蛋、碱水、纯净水、盐

1

将鸡蛋打散，加入水和盐，并和事先冷却备用的碱水溶液混合在一起。

2

将小麦面粉倒入混合机中搅拌均匀。北海道产和长野县产的小麦面粉比例为7∶3。

75

将碱水溶液倒入混合机中，搅拌过程中随时刮下粘在搅拌棒上的面团，搅拌 3 分钟左右直到水分渗透在所有面粉中。

将面团压制成粗面片，制作出两个面片，然后整合。

需要进行 3 次整合，给面团一定压力，慢慢加厚面片。

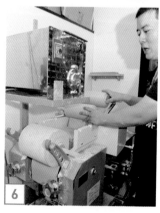

注意加水率 40% 的面团容易粘黏，所以进行第 3 次整合时，需要一边撒扑面，一边整合。

完成 3 次整合后，用塑料布将面片卷包裹起来，静置醒发 30 分钟。

将面片用10号切面刀（3毫米面宽）切成面条。拌面的面条1人份为190克。将切好的面条存放在桐木保存箱中。蘸面的面条同样使用10号切面刀进行切条，但切条前改变一下面带厚度，并切成宽面。

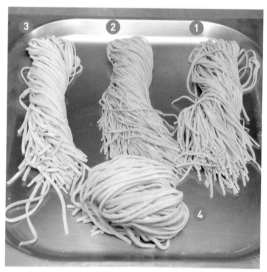

❶ 鸡肉拉面用面条　❷ 鱼干拉面、盐味拉面用面条
❸ 蘸面用面条　❹ 拌面用面条

Raik 蛤蜊、鲣鱼、贝节面馆

■ 地址：日本东京都杉井区

■ 贝节盐味拉面

以紫贻贝为主，搭配花蛤和文蛤熬煮的高汤，呈现出浓郁鲜美的味道。只有贝类的话，味道会稍显单调，所以加入了充满香味的鲣鱼。酱汁是由干虾和鸡肉馅等食材熬煮而成的盐味酱汁，可以增强汤头的鲜味。另外，搭配上充满菌菇和宗田节香气的菌菇油，以及先用食物调理机将紫贻贝搅碎，再用白绞油熬煮出的贝肉油，享受多重丰富口感的美味。

■ 鱼干贝类拉面

汤头为日本鳀鱼干、飞鱼干、黄尾狮鱼（又叫油甘、青甘）、真昆布、香菇等熬煮的鱼干高汤和贝类高汤，以4：6的比例熬煮而成。刚上桌时，汤头充满浓郁的鱼干味，但随着温度逐渐降低，贝类的鲜味慢慢浮现出来。碗里先倒入酱油酱汁和鱼干油后，再倒入汤头。面条使用的是有嚼劲的含水量低的面条。相对于夏季限定的贝节蘸面，鱼干贝类拉面是冬季限定的拉面。

■ 干拌面

这款干拌面仅供点了鱼干贝类拉面的客人才能享用的。面条事先拌好贝肉油，并加入少量贝类高汤、鱼干油、酱油酱汁混合在一起。配菜有紫洋葱、切成小块的炙烤鸡胸叉烧肉、紫贻贝泥和海苔。可以直接搅拌，当作干拌面吃，也可以倒入碗中剩余的汤里。

突显贝类高汤的鲜美
用震撼的味道俘获众多客人的胃

　　拉面入口，首先感受的是花蛤的震撼鲜味，接着是乘胜追击的紫贻贝的美味，最后是回味无穷的文蛤，3种贝类高汤呈现出多样化的丰富香味。另外还会搭配上鲣鱼高汤，没有使用一点禽畜食材，制作出了最具海鲜美味的汤头。除此之外，店里还供应每天更换鲜鱼汤头食材的贝节潮拉面和不同配菜内容的限定拉面，努力打造让客人一再上门光顾的拉面菜单。

▶汤头制作流程

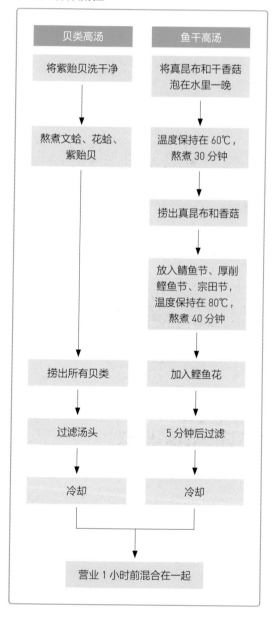

贝类高汤	鱼干高汤
将紫贻贝洗干净	将真昆布和干香菇泡在水里一晚
↓	↓
熬煮文蛤、花蛤、紫贻贝	温度保持在 60℃，熬煮 30 分钟
	↓
	捞出真昆布和香菇
	↓
	放入鲭鱼节、厚削鲣鱼节、宗田节，温度保持在 80℃，熬煮 40 分钟
↓	↓
捞出所有贝类	加入鲣鱼花
↓	↓
过滤汤头	5 分钟后过滤
↓	↓
冷却	冷却

营业 1 小时前混合在一起

贝类高汤

　　紫贻贝物美价廉，所以可以大量使用，为了烹调出极具震撼力的鲜味，贝类高汤以紫贻贝为主。另外，使用花蛤打造第一口的惊艳，使用文蛤打造唇齿留香的余味。熬煮贝类时不要搅拌，因为搅拌容易使整锅汤变得混浊，还可能跑出更多泥沙。为了避免锅内水位下降，熬煮过程中不要频繁开盖，觉得味道不够时，则在营业时追加一些贝类来调整味道。

―――――― 【 材料 】 ――――――

紫贻贝、花蛤、文蛤、纯净水

因为紫贻贝的泥沙较多，一定要用水洗干净。

将紫贻贝、花蛤、文蛤放入装有水的深底锅中，盖上锅盖，开大火熬煮。水量要没过食材。

3 煮沸后，打开锅盖铺平锅里的贝类。最开始用大火，然后慢慢调为中火，再次盖上盖子继续熬煮。在锅盖上压上重物，避免汤汁蒸发。

4 2小时后关火，捞出贝类。取出紫贻贝的贝肉，制作成配菜的"贝泥油"。

5 汤头里可能残留泥沙，一定要用网格较密的滤网过滤。用流动的清水冷却装有汤头的深底锅。

6 取出下次营业时需要的分量和鱼干高汤混合在一起，其余的放入冰箱冷藏保存。

鱼干高汤

贝类高汤搭配鲣鱼节高汤能使味道更均衡，也可以用于补充鲜味，但鲣鱼节终究只能起到补充的作用。贝类高汤加上鱼干高汤的组合汤头适用于贝节潮拉面和夏季限定的贝节蘸面，但一次大量混合的话，汤头容易变质，建议营业前或午休时取出需要的分量混合在一起就好。另外，因为完全不使用禽畜食材熬煮汤头，所以非常适合用于冷面。

———————【 材料 】———————

昆布、干香菇、鲭鱼节、厚削鲣鱼节、宗田节、鲣鱼花、纯净水

将昆布和干香菇浸泡在水中一晚。

第二天保持温度在60℃加热熬煮30分钟。适时捞除浮沫。

30分钟后取出真昆布和香菇。

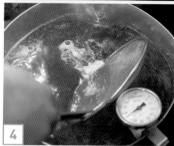

放入鲭鱼节、厚削鲣鱼节、宗田节，稍微将火开大一点。温度保持在80℃，熬煮40分钟。适时捞除浮沫。

温度保持在80℃，加入鲣鱼花。

5分钟后关火,
立即过滤。

7 将汤头移入深底锅中,用流动的清水冷却深底锅。

营业前1小时将冷藏保存的鱼干高汤和贝类高汤混合在一起。客人点餐后再用小锅加热需要的分量。营业用汤头尽量在当天全部用完。

Neiroya 拉面

■ 地址：日本东京都杉并区

■ 濑户内酱油拉面（特制配菜）

　　鸡汤不另外混合其他多余食材，只用加了鸡头一起熬煮的鱼干汤头。为了搭配青鱼的风味，酱油酱汁里只放入玉筋鱼（又叫面条鱼、银针鱼）鱼露，有助于突显汤头的独特鲜味。虽然汤头里有不同食材的味道，但以独具特色的鱼露味道为主，给人留下深刻印象。汤头里加点鸡油，增添拉面特有的温醇口感。特制配菜，包含2片猪五花叉烧肉、1片猪梅花叉烧肉、1片低温烹调的鸡胸肉，以及濑户内海产的海苔和溏心蛋，用料相当丰富，看起来豪华感十足。店里使用的猪肉是来自花卷市的白金猪（当地特产中的名品），肉质鲜甜，厚厚一片，满足客人的口腹之欲。溏心蛋使用的是赞岐交趾鸡的鸡蛋，并用鲣鱼本枯节和白酱油熬煮，充满高级感的美味。

■ 土鸡鱼干盐味拉面

以1∶1的比例混合鸡汤和鱼干汤，并另外添加鸡油和盐味酱汁调制而成。每300毫升汤头里添加15毫升鸡油，但炎热夏季里为了让汤头更具清爽口感，减量为10毫升。盐味酱汁里加入了鱿鱼干和鱿鱼鱼露，有别于普通的酱油酱汁，独具风味。面条为22号切面刀（1.36毫米面宽）切成的细直面。店长松浦克贵先生不希望汤里有面条的味道，因此使用面粉气味比较清淡的面条来突显汤头的鲜美。另外，考虑到客人可能有食物过敏的问题，拉面里不放溏心蛋，调味料也尽量选用不含酿造酒精的品牌。为了增加不突兀的甜味，特意选用爱媛县西条市产的小葱。从种种细节中都可以看出店长对食材的执着与用心。

■ 浓厚土鸡拉面

　　拉面的汤头为鸡白汤，在鸡脖、鸡爪、整只鸡的二次高汤食材里，加入大量鸡头熬煮而成。店里不采取利用油脂将汤乳化成白色，而是通过捣碎食材让汤头变白，因此鲜味比较强烈，但浓度并不高。如果只是浅尝一口，无法立即喝到汤汁的鲜甜美味，为了解决这个问题，特地在土鸡鱼干盐味拉面所使用的盐味酱汁中，以2∶3的比例添加味道圆润的"大桂商店"（长野县上田市）的味噌块。店长松浦先生表示"只有盐味酱汁的话，味道稍显清淡，似乎少了些什么。"要在碗里放入多少鸡油，要根据当时汤头的油脂状态而定。一碗270毫升的汤，最多使用10毫升鸡油。有时甚至完全不放鸡油。

女峰草莓牛奶刨冰

　　女峰草莓牛奶刨冰是店里的招牌刨冰，使用带有酸味且充满水果风味的草莓酱，搭配牛奶、砂糖、麦芽糖、脱脂奶粉制作而成。淋酱所使用的女峰草莓，采于草莓盛季，并以尽量少的砂糖制作成草莓酱。基于"吃完拉面后稍微降温一下"的理由，店里的刨冰温度比一般市售刨冰还要低。

严选食材制作的拉面与刨冰深受好评

以店长的故乡濑户内产的食材为主，搭配来自地方的严选美味食材，精心烹调无化学调味料的拉面。巧妙组合柠檬、鱼酱、香辛料等各具特性的素材和调味料，制作出其他地方绝对吃不到的原创美味拉面。2012年开业之初，便同步推出当时还较少见的刨冰。使用新鲜水果自制淋酱和糖浆，当初还以"卖刨冰的拉面专卖店"的先驱模式而引起众人广泛的讨论。不仅刨冰有季节性，店长也十分重视拉面食材的季节感，就算是同样的菜单，食谱和食材也都有冬夏之分。"没有一道餐点的味道终年不变"，对食材极为讲究，这是本店特色之一。

▶鸡头鱼干汤制作流程

```
鱼干、昆布汤汁
      ↓
   熬煮鸡头
      ↓
    过滤
```

▶鸡汤制作流程

```
熬煮鸡爪、鸡脖
 子和整只鸡
      ↓
  捞出鸡油
      ↓
    过滤  ———→  在过滤后的鸡
      ↓           骨食材中加入
    冷却          鸡头熬煮成鸡
                   白汤
```

鱼干汤头

以鲣鱼为主的食材熬汤容易导致味道过于单一，所以只用少量的高级厚削本枯鲣节来提鲜。鲹鱼和带鱼的味道都很高级，组合在一起更添味道的浓厚和深度。食材残渣容易造成汤头不耐保存，一定要用细网格滤网彻底过滤。

【 材料 】

鲹鱼干、日本鳀鱼干、白带鱼干、真昆布、鸡头（爱媛县产土鸡）、厚削本枯鲣节、纯净水

1 将海鲜高汤食材（鲹鱼干、日本鳀鱼干、白带鱼干、真昆布）泡在水里一晚。

2 用流动的清水清洗鸡头后，放入压力锅中。在加压状态下熬煮 45 分钟，关火后静置 15 分钟。

3

以大火加热步骤 1 中的海鲜高汤食材,温度达到94℃后,加入厚削本枯鲣节,调为小火。

4

保持温度在94℃,用小火继续熬煮2小时,中途过1小时后,加入步骤2的鸡头。注意不要让汤汁沸腾。

5

2小时后,使用滤网过滤汤头,过滤时不要用力挤压食材。将深底锅坐于水中冷却后,放入冰箱冷藏保存,第二天再使用。

特鲜鸡汤

基于"难以从鸡骨架萃取具有鲜味的高汤",所以多用鸡肉和含有胶质的部位。然而长时间熬煮容易流失风味,所以要尽可能缩短熬汤时间。另外也基于"洗涤会造成风味流失",所以准备工作中不会刻意清洗食材。汤头经过冷藏或冷冻后,味道会更加扎实。

───────────── 【 材料 】─────────────

鸡爪(软骨、附关节的)、整只鸡、鸡脖子(去掉鸡脖肉)、纯净水

1

稍微冲一下鸡爪。鸡爪部位没什么腥臭味,不需要事先焯煮。为了避免整只鸡的鲜味流失,注意不要用强力水柱冲洗,并且用刀切除内脏。整只鸡同样不需要事先焯煮。

2

将胶质多且不容易出味的鸡爪置于深底锅底部,上面依次放入鸡脖子、整只鸡,最后倒入水。

3

用大火加热至沸腾。沸腾后调中火，继续熬煮 2 小时。注意不要让整锅汤变成白色混浊状。

4

捞除表面浮沫，尽量不要碰到食材，否则汤汁容易呈现白色混浊状。

▶盐味酱汁制作流程

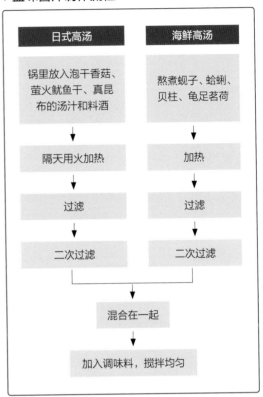

日式高汤	海鲜高汤
锅里放入泡干香菇、萤火鱿鱼干、真昆布的汤汁和料酒	熬煮蚬子、蛤蜊、贝柱、龟足茗荷
↓	↓
隔天用火加热	加热
↓	↓
过滤	过滤
↓	↓
二次过滤	二次过滤

混合在一起

加入调味料，搅拌均匀

5

鸡油会浮在表面，用汤勺捞除干净。鸡油带有腥臭味，不单独使用，而是作为鸡白汤的材料。

6

使用滤网过滤。

7

将深底锅坐于冷水中急速冷却后，放进冰箱冷藏保存。第二天后再使用。

盐味酱汁

汤底是由以萤火鱿鱼（萤火鱿鱼外表为橙色，夜里会发出光芒）干为主料制作的日式高汤和龟足茗荷（海水甲壳生物，又称佛手贝）等熬煮的贝类高汤混合而成。由于每种食材熬煮出香味的时间不同，需要分别处理后再混合到一起。选择萤火鱿鱼干是因为味道比其他种类的鱿鱼更容易辨别，而且体积较大，不需要煮太久就能够萃取出精华高汤。因为干贝价格过高，所以贝类高汤的食材选用大量冷冻贝类来增添鲜味。冷冻贝类在细胞遭到破坏后，更容易萃取出精华，所以不需要解冻，直接放入锅里熬煮。使用茨城县涸沼产的蚬子、爱媛县宇和岛产的龟足茗荷，所有食材都是严选自日本各地，最后再加入大量味淋，但考虑到有儿童用餐的情况，熬煮过程中务必让酒精完全蒸发。

──────【 材料 】──────

味淋（小笠原味淋）、日式高汤、贝类高汤、盐（土佐海的天日盐）、醋（纯米富士醋）、鱿鱼鱼露（能登鱿鱼鱼露）、白酱油（足助三河白酱油）、梅醋（和歌山南高梅农家自制梅醋）

3 先加入盐，然后加入醋、鱿鱼鱼露、白酱油和梅醋。

1 加热味淋，注意要将酒精完全挥发。

2 将刚煮好的日式高汤（见91页）和贝类高汤（见92页）趁热混合在一起。

4 将酒精彻底挥发后的味淋也加进去。第二天再使用。

盐味酱汁的日式高汤

———————【 材料 】———————
干香菇、萤火鱿鱼干、真昆布、料酒、纯净水

1 干香菇、萤火鱿鱼干、真昆布浸泡在水中 24 小时。料酒也一并倒进去，让酒精完全挥发。

2 锅内放一个木制内盖后，再盖上外层锅盖。用大火熬煮，让温度慢慢上升。

3 沸腾后打开外层锅盖，并改为小火。在沸腾状态下继续熬煮 1 小时。水分剩下一半左右时，再次盖上外层锅盖，并调为最小火，保持快沸腾的状态继续熬煮 2 小时。

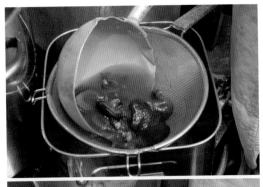

4 过滤时用力挤压食材。

5 用细网格滤网再过滤一次。

盐味酱汁的贝类高汤

【 材料 】

蚬子、蛤蜊、贝柱、龟足茗荷、纯净水

1

将蚬子、蛤蜊、贝柱和龟足茗荷放入深底锅中，并倒入水。冷冻贝类无须化冻。

2

用大火加热至沸腾，然后保持温度在 95~98℃，继续熬煮 2.5 小时。熬煮过程中偶尔翻动一下食材。

鸡油

【 材料 】

鸡内脏脂肪、纯净水

1

将鸡内脏脂肪自然解冻后备用。解冻后放入锅中，倒入少量水，用中火加热。当水分煮干，快要沸腾时，油脂就变清澈了。过滤。

2

为了防止氧化，尽快用流动的清水急速冷却。冷却后放入冰箱冷藏保存。

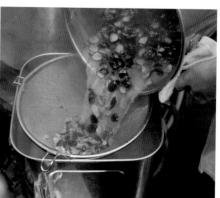

3

关火后，用滤网先过滤一次。然后用细网格滤网再次过滤沙子等杂质。

鸡白汤

在过滤成鸡汤（见88~89页）所剩下的食材（鸡脖子、鸡爪、整只鸡）中，加入大量鸡头，熬煮成鸡白汤。整只鸡使用的是体型大且肉多的九州产种鸡，鸡脖子就算切掉鸡颈肉，还会有一部分肉留在上面，可以用来继续熬煮二次高汤。鸡头煮久了会变黏稠，再加上鲜味使汤头变成白色混浊状。长时间熬煮虽然能使汤头变得更浓郁，但食材本身的味道也会逐渐流失。店家比较重视食材本身的鲜味，而且汤头乳化过度容易导致食材的美味流失掉，所以熬煮时间控制在2小时，比起浓郁，更追求鲜味。

─────── 【 材料 】 ───────

过滤成鸡汤剩下的高汤食材（鸡脖子、鸡爪、整只鸡）、鸡头、熬煮鸡汤时捞出的鸡油、纯净水

▶鸡白汤制作流程

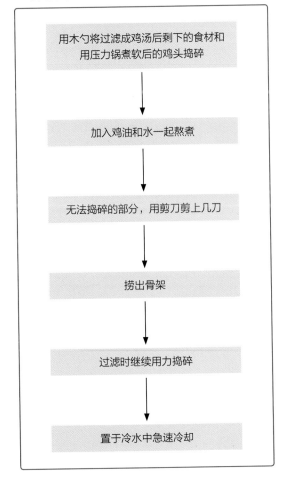

```
┌─────────────────────────────────────┐
│  用木勺将过滤成鸡汤后剩下的食材和         │
│  用压力锅煮软后的鸡头捣碎              │
└─────────────────────────────────────┘
                 ↓
┌─────────────────────────────────────┐
│        加入鸡油和水一起熬煮            │
└─────────────────────────────────────┘
                 ↓
┌─────────────────────────────────────┐
│     无法捣碎的部分，用剪刀剪上几刀       │
└─────────────────────────────────────┘
                 ↓
┌─────────────────────────────────────┐
│            捞出骨架                  │
└─────────────────────────────────────┘
                 ↓
┌─────────────────────────────────────┐
│        过滤时继续用力捣碎             │
└─────────────────────────────────────┘
                 ↓
┌─────────────────────────────────────┐
│        置于冷水中急速冷却             │
└─────────────────────────────────────┘
```

用木勺将过滤出鸡汤后剩下的食材捣碎备用。加入使用压力锅煮软的鸡头，混合在一起后再次捣碎。

1

2

加入熬煮鸡汤时捞出的鸡油和少量水，用大火加热。为了加速萃取出食材中的精华，边煮边继续捣碎锅内的食材。沸腾后调为小火，继续熬煮2小时，过程中不断搅拌。

3 无法用木勺捣碎的部分，用剪刀剪上几刀，方便木勺捣碎。

4 移除无法再萃取高汤精华的骨架。

5 使用滤网过滤，过滤时用力挤压食材。为了让汤头更浓郁，完成过滤之前都不要关火。

6 将过滤后的汤坐于冷水中急速冷却，然后放入冰箱冷藏保存。第二天再使用。

Shin 私家拉面

■ 地址：日本神奈川县横滨市

■ 飞鱼高汤酱油拉面

使用平户产的飞鱼干和烤飞鱼干熬煮的汤头，搭配鲣鱼高汤熬煮的竹笋、熬煮 3 小时的猪五花叉烧肉、枸杞子、柚子皮和西芹。不另外调制酱油酱汁，而是直接混合当地产的横滨酱油和汤头。以 2 种高筋面粉制作成有嚼劲的、用 22 号切面刀（1.36 毫米面宽）切成的细直面条。1 人份是 150 克，需要煮 50 秒左右。

■ 飞鱼高汤盐味拉面

　　盐味拉面使用的汤头、面条和风味油都和酱油拉面相同，但用小葱代替西芹。盐味酱汁使用了以飞鱼干为主的海鲜高汤，加上濑户内产的花藻盐调制而成。经过3小时炖煮的猪五花叉烧肉，即使放凉后也依然软嫩，所以不能切得太薄，1片厚度约为1厘米。目前盐味拉面和酱油拉面的销量平分秋色。

■ 飞鱼高汤蘸面 + 半熟溏心蛋

汤头使用的是鲣鱼高汤，加入了酱油和风味油，面条和酱油拉面使用的面条一样，溏心蛋用鲣鱼高汤、酱油、糖调味。猪五花叉烧肉先在平底锅中炒一下，然后放在面条上。

只用海鲜熬煮出的汤头
搭配上相得益彰的配菜

　　店家于2013年开店时的理念就是"自家制面、无化学调味料"。创业之初，使用的是动物海鲜汤头，也就是在鸡和猪熬煮的汤头里加入鲹鱼和鲭鱼节。另外还有限定版拉面专用的以飞鱼高汤为主的海鲜汤头。因为深受好评，自2019年起，店里的汤头全部改为海鲜汤头。动物类食材只有搭配葱油、作为风味油的猪油和猪五花叉烧肉。为了让叉烧肉和海鲜汤头完美融合，用专业酱汁熬煮3小时至油脂熔化，叉烧肉煮熟后不取出，继续浸泡在酱汁里。另外，不使用笋干，而是将焯过水的竹笋放入鲣鱼高汤中熬煮。溏心蛋也事先用鲣鱼高汤煮过。

▶汤头制作流程

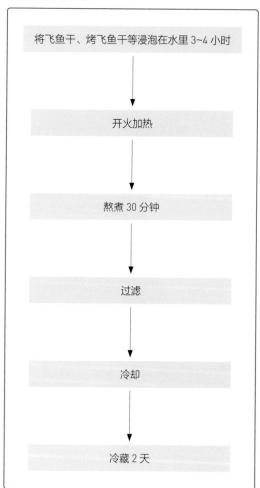

将飞鱼干、烤飞鱼干等浸泡在水里 3~4 小时

↓

开火加热

↓

熬煮 30 分钟

↓

过滤

↓

冷却

↓

冷藏 2 天

飞鱼高汤

　　使用最初熬煮出的汤头以突显飞鱼高汤的鲜味，另外，为了避免出现涩味，尽量缩短浸泡在水里的时间与熬煮时间。就像萃取日式料理中的上等高汤，过滤时只用滤网轻轻过滤，不需要挤压食材。

───── 【 材料 】 ─────

飞鱼干、烤飞鱼干、日本鳀鱼干（白口）、宗田节、昆布、干香菇、纯净水

1

将所有食材浸泡在水里 3~4 小时，水温低的冬季要增加浸泡时间。浸泡时只要上下翻面即可，过度搅拌容易使高汤过于混浊。

泡好后用大火加热至沸腾，沸腾后调为小火。熬煮过程中不要搅拌。

捞出食材后，使用滤网再次过滤。

过滤后将整锅坐于冷水中冷却，然后放入冰箱冷藏保存。冷藏2天后再使用。营业时取出需要的分量，用小锅加热即可。

熬煮30分钟后，过滤。先用笊篱捞出鱼干类食材，注意不要从上方用力挤压，将笊篱置于锅上，让高汤自然滴落。

有嚼劲的面条

　　店里主要使用细面，但致力于制作有嚼劲、不易延展、口感筋道且容易咬断的细面。尝试各种面粉后，最后选用小麦麦芽丰富的法国产面包粉"百合花"和高筋面粉以7：3的比例混合制成面条。进行5次整合处理，让细面条也具有弹性。面片不用经过醒发，营业前开始制面，并于当天使用。盐味拉面、酱油拉面和蘸面的面条同样都是22号切面刀（1.36毫米面宽）切成的。

─────────────── 【 材料 】───────────────

"百合花"面粉、高筋面粉、鸡蛋、碱水、盐、纯净水

───────────────────────────────────────

1 前一天先将水、盐、碱水混合好并冷却备用。营业前再与打散的鸡蛋混合在一起。

2 将面粉和碱水溶液倒入混合机中搅拌5分钟左右。一定要确认碱水溶液均匀渗透至面粉里。

3 制作成粗面片。粗面片经过1次压制变成2片面片，然后再进行整合处理。

将2片面片整合成1片，一共进行5次处理。将面片不断压制后整合，就能够做出筋道的面条。

5 切条处理。使用22号切面刀，并在切好的面条上撒些扑面。早上制作的面条于当天中午使用。盐味拉面、酱油拉面和蘸面使用同样的面条。拉面用面条的煮面时间为50秒左右。

盐味拉面的盛装方式

1

碗里倒入盐味酱汁和葱油。猪油和植物油加热，葱白切成末入锅炸香，过滤后就是葱油。而盐味酱汁的做法是将盐（濑户内产的花藻盐）和鲹鱼高汤混合在一起。酱油拉面所使用的酱油酱汁则是将横滨酱油和鲹鱼高汤混合在一起。

3

放入拉面，摆上叉烧肉、小葱、柚子皮、竹笋、枸杞子作为配菜。酱油拉面中则是以西芹代替小葱。

2

倒入鲹鱼高汤。由于鲹鱼高汤颜色偏浓，看起来像是加了酱油，所以不另外添加酱油。

Mahoroba 面屋

■ 地址：日本东京都大田区

■ 浓厚牡蛎鱼干拉面

这款拉面原本是店里的招牌菜单，但原材料涨价48%后，现在改为限量供应的菜品（午餐时段20份，晚餐时段15份）。在浓郁的鱼干汤头中加入了牡蛎泥和牡蛎油，喝汤时可以明显感觉到牡蛎的鲜味。"Mahoroba面屋"的目标是打造其他拉面店所没有的原创美味。为了活用牡蛎的新鲜风味，店里一律使用生牡蛎。一般生吃用的牡蛎味道比较清淡，因此改为加热用且味道比较浓郁的牡蛎。酱油酱汁使用了冈直三郎商店的生抽、山佐酱油和鱼露，由这3种酱料调配而成。鱼露本身具有独特风味，让店里独具个性的特制汤头更受欢迎。配菜有油渍牡蛎、切末洋葱、小葱、海苔和半熟猪梅花叉烧肉。

■ 黏稠鱼干中华拉面

　　带有鲜味和甜味的伊吹产日本白口鳀鱼干，搭配带有苦味的濑户内产青口鳀鱼干，熬煮出一锅充满浓郁鱼干风味的汤头。熬煮过程中不捞除浮沫，让浮沫和咕嘟咕嘟沸腾的汤头融合在一起，风味更加强烈。与鱼干汤头搭配的是使用鸡爪和猪背脂熬煮出的肉汤。熬煮至有点黏稠，不仅具有一定分量，味道也比较温和顺滑，还有助于减少浮沫产生。另外，店里拉面的一大特色是大块的在真空状态下用低温烹调的猪梅花肉。将肉放入装有水、小苏打粉、盐的深底锅中腌渍一天，肉质变软后再浸泡于酱汁中烹制。冷冻保存也是重要步骤之一，破坏肉的纤维才能让肉质更加软嫩。

加面（油面）

　　在爽脆筋道的含水量低的中细直面里拌入鱼干油和酱油酱汁。面条上摆放洋葱和叉烧肉碎，并撒上鱼干粉。可以将面加进汤里，也可以直接作为干拌面食用。加面的性价比非常高，超过50%以上的客人都会要求加面。

鱼干 + 牡蛎
打造独一无二的美味

　　这家店是2号分店。相对于总店备受欢迎的乌贼与鱼干的组合拉面，2号店主推的牡蛎与鱼干的组合拉面也引起了广泛关注。店主松原先生表示："鱼干拉面的种类很多，但我们并不是追求稍有差异，而是打造非常与众不同的独特拉面。"用独具个性的食材，制作在其他店绝对吃不到的原创拉面。然而原材料的涨幅实在太大，原是招牌餐点的牡蛎鱼干拉面，现在只能限量供应。不过，目前正积极运用搭配牡蛎泥和牡蛎油制作牡蛎鱼干拉面的方法，努力挑战新菜——大虾鱼干拉面。

▶汤头制作流程

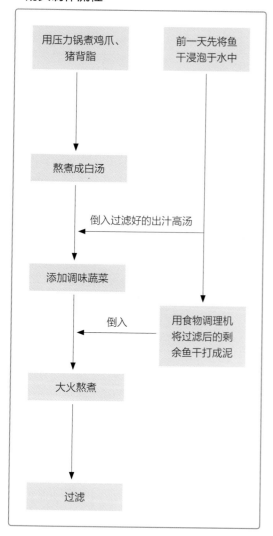

浓厚鱼干汤头

　　使用鸡爪和猪背脂熬煮汤头。平常大概需要4个多小时才能煮好，但使用压力深底锅的话，就能将熬煮时间缩短一半。将事先打成泥的鱼干加入肉汤中，有助于加速两者融合在一起。由于压力深底锅的锅底较厚，用大火熬煮白汤时不容易烧焦，既能浓缩汤头，也不会让食材粘在锅底。

──────【 材料 】──────

纯净水、猪背脂、鸡爪、日本鳀鱼干（白口和青口两种）、大蒜、洋葱、圆白菜、生姜、大葱的绿色部分

─────────────────────

1　前一天先将两种日本鳀鱼干浸泡在水中，并放入冰箱中冷藏出汁。

压力深底锅里倒入水和猪背脂、鸡爪，开火加热。

3 加热 40 分钟左右，在打开锅盖的状态下，继续熬煮 40 分钟，制作出白汤。

4 使用滤网过滤步骤 1 中的汤汁，将过滤好的汤汁倒入白汤里。

5 将切成片的生姜、对半切开的大蒜、圆白菜、洋葱和大葱的绿色部分倒入白汤中。

6 用食物调理机将过滤后剩下的鱼干打成泥，一开始先用低速搅拌，第二次再改为高速搅拌。

7 将鱼干泥加入白汤中。

8 加水后，用木勺将食材充分混合在一起，并用大火加热。熬煮过程中，只捞除黑色杂质，不需要刻意捞除浮沫。

9 熬煮 3.5 小时，直到汤头剩下 2/3 左右。压力深底锅不易烧焦，不易粘锅，熬煮过程中只需要稍微搅拌即可。

10 使用滤网过滤，过滤时轻压一下食材。

牡蛎泥

由于鱼干的风味强烈，只用鱼干制成的风味油的话，牡蛎的鲜味会被覆盖，所以店里会同时使用牡蛎泥来强调牡蛎具有冲击性的美味。喝汤时若要充分感受牡蛎风味，诀窍在于不要过度搅拌。牡蛎泥溶入汤里的话，味道会变淡。使用黄油也是为了增添香味，有盐黄油容易干扰汤头的味道，所以务必使用无盐黄油。

———————【 材料 】———————

无盐黄油、油渍牡蛎的汤汁、冷冻牡蛎、色拉油、料酒、盐味酱汁

将冷冻牡蛎放入冷藏室一晚，解冻后用清水洗干净。

在容器里放入无盐黄油，倒入油渍牡蛎的汤汁（见108 页）。

平底锅里倒入少量色拉油，接着倒入牡蛎、料酒、盐味酱汁。

先将火开到最大，沸腾后稍微调小。用木勺轻轻搅拌，避免烧焦，并将料酒和牡蛎中的水分收干。

5

水量剩下一半时关火。

6

连同汤汁一起倒入步骤 1 中。

7

将容器坐于冰块水中急速冷却。

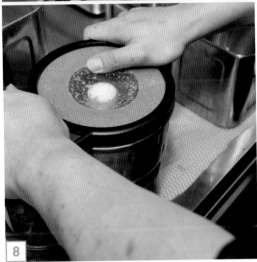

8

冷却后倒入食物调理机中搅拌成泥状。注意要保留一些颗粒的口感。

9

充分冷却后，盖上保鲜膜，放入冰箱冷藏保存。

油渍牡蛎

最初考虑使用橄榄油，但由于价格和味道的原因，最终决定改用色拉油。制作油渍牡蛎的关键是尽可能使用小火，这样可以防止牡蛎缩小。另外，将牡蛎放入油中后，注意不要烧煳。腌渍过牡蛎的油还可以作为牡蛎油继续使用。与酱汁调和在一起可以制作成汤。

【 材料 】

冷冻牡蛎、色拉油、料酒、大蒜、朝天椒、月桂叶

将切成片的蒜、朝天椒、月桂叶、色拉油倒入同一容器内，制成腌渍用油。

① 将牡蛎在冰箱中冷藏一晚解冻。解冻后用水洗净。

⑤ 将步骤 3 中的牡蛎和汤汁分开盛放。

② 将少量色拉油倒入锅中，再倒入牡蛎和料酒。

⑥ 在步骤 4 的腌渍油中倒入牡蛎。牡蛎汤汁则可以用作牡蛎酱的制作材料。

③ 用大火煮沸后，改成小火，加热 10 分钟。为了使味道充分发挥出来，在加热过程中可以使用木铲不断搅拌。

⑦ 将做好的牡蛎连锅坐入冷水中急速冷却。

真鲷拉面屋

■ 地址：日本东京都墨田区

■ 真鲷拉面 + 杂煮套餐

　　在碗里倒入用真鲷鱼碎骨和鱼肉熬煮的汤头、鲷鱼油和盐。不使用酱汁，只通过盐来突显鲷鱼入口时的冲击性美味。由于海盐带有苦味，而且咸味强烈，所以另外混合带甜味又不是很咸的两种岩盐。100%真鲷熬煮的汤头搭配拥有清爽香气的柚子泥、炙烤鲷鱼碎肉、溏心蛋和带有熏烤香味的猪梅花叉烧肉等配菜，多样化的香味让客人们将面汤喝得一滴也不剩。除此之外，为了让客人尽情享用完美味的汤，店里特别推出搭配杂煮的组合套餐，有1/3的客人会特别指定要组合套餐。将饭倒入剩下的面汤里，享受不同于面条的另一种美味。

■ 特制浓厚真鲷拉面

　　用真鲷碎骨熬煮的浓郁鲜美且富含胶原蛋白的高汤为基底，搭配熬煮鸡爪后汤的黏稠与紧实感，让汤头更具丰富口感。在真鲷拉面所使用的2种盐和鲷鱼油中，另外加入溜溜酱油调制酱汁，不仅将汤头的美味紧紧锁住，更因为酱油的鲜味让整碗汤的味道更加多样化。面条为中粗直面条，使用充满香气的全麦面粉制作而成。使用和真鲷拉面一样的面条，但更宽，口感完全不输丰富美味的汤头。所谓特制，是另外追加船桥产的海苔和使用真鲷拉面的汤头浸制的溏心蛋作为配菜，用樱花木片熏烤的叉烧肉也加倍，让客人吃得好又吃得饱。

先将溏心蛋浸在真鲷拉面的汤头里，用樱花木片熏烤后，再将汤注入蛋里面。

■ 真鲷蘸面

蘸酱以真鲷拉面的汤头为主，另外加入2种岩盐、带香气的溜溜酱油和鲷鱼油混合而成。为了突显真鲷的鲜味，一概不使用带有甜味和酸味的调味料。蘸面里有炙烤真鲷碎肉、柚子泥和小葱，面条上摆放有烟熏叉烧肉片。柚子来自大分县农家，都是当季最新鲜的。柚子泥溶在汤里，汤瞬间变得清新爽口。面条和浓厚真鲷拉面一样，都是用14号面刀（2.14毫米面宽）切成的中粗面。使用全麦面粉制作而成的面条充满浓郁的香气。一碗拉面的面条约为200克。店里也即将推出浓厚真鲷蘸面，酱是用真鲷和鸡爪熬煮而成的浓郁蘸酱。

熬煮真鲷拉面用的汤头时，将表面的油捞出来，可作为风味油使用。

1天卖出600碗拉面的路边店
其真鲷拉面大受欢迎

店里全面推出真鲷相关的拉面后，一举成为人气店铺。除了将用鲷鱼碎肉和真鲷熬煮的汤头注入溏心蛋，叉烧肉也全部使用鲷鱼制作。工作日一天可以卖出450~600碗拉面，节假日可以卖出高达600碗拉面，成了足以代表锦系町的拉面名店。为了不与同体系的拉面店竞争，店家开始积极开发特有的限定菜单。

▶汤头制作流程

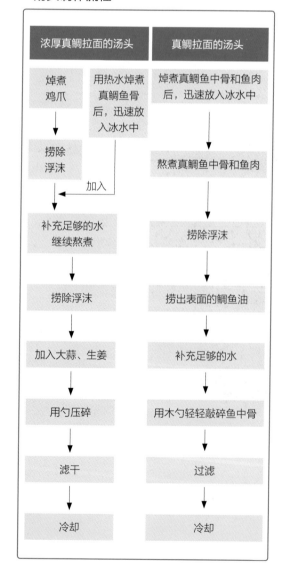

浓厚真鲷拉面的汤头

只用去掉鱼肉的真鲷鱼骨去熬煮的话，黏稠度会稍显不足，所以加入鸡爪一起熬煮，汤头的口感会更加顺滑。直接熬煮去掉鱼肉的真鲷鱼骨会有腥臭味，最好先用热水烫一下或烤一下，有助于去除腥臭味。另外，制作前还需要先去除会产生臭味的鱼鳃。尽管事前进行了去血水处理，残留在鱼眼睛里的血水还是会溶入汤里，造成腥臭味，所以熬煮过程中必须添加一些调味蔬菜。

──────【 材料 】──────

鸡爪、真鲷鱼骨、大蒜、生姜、纯净水

──────────────────────────

1 将鸡爪浸泡在水中去掉血水。然后，放入装好水的深底锅中，用大火煮沸并捞除浮沫。

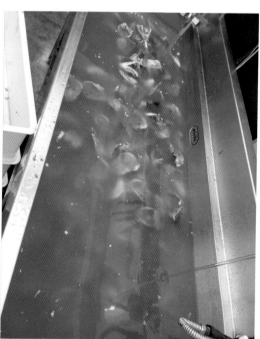

将真鲷鱼骨浸泡在水中去掉血水。鱼鳃会造成腥臭味，必须事先去除。

用热水焯煮真鲷鱼骨后，迅速放入冰水中，去除黏液、脏物和腥臭味。焯煮后的热水全部倒掉。

将处理好的真鲷鱼骨倒入步骤 1 的深底锅中。加水（不没过食材）后，盖上盖子，用大火加热。

煮沸前打开锅盖，捞除浮沫。

不再产生浮沫后，加入已削皮且对半切开的生姜、大蒜。再次盖上盖子，用大火熬煮 30 分钟。

打开锅盖，用木勺将食材压碎。最初每隔 15 分钟轻轻压一次，浓度变高时改为每隔 5 分钟轻轻压一次，调整火候让鸡爪和真鲷的胶质乳化。这个步骤持续 2.5 小时。

将汤里的食材装入尼龙袋子里，使用机器边挤压边过滤。

9 为了彻底杀菌，将过滤好的汤头再次煮沸。沸腾后关火并使用滤网再次过滤。

10 将深底锅坐入冷水中冷却。温度降至 20℃以下后，放入冰箱冷藏一晚，第二天再使用。

真鲷拉面的汤头

　　将前一晚8点之前还鲜活的真鲷于隔天早上熬煮成汤头。汤头的食材就只有鲷鱼，为了避免味道过于单调，会使用大量真鲷以突显并强调鲷鱼的鲜味。取鱼中骨和带有脂肪的鱼肉部分来熬煮汤头，并且选用作为生鱼片也够新鲜美味的真鲷来煮汤。200千克的鱼中骨，可以熬煮出约500碗汤头。

──────── 【 材料 】 ────────

真鲷鱼中骨、真鲷鱼肉（脂肪多的鱼腹部位）、大蒜、生姜、纯净水

1 用热水焯煮真鲷鱼中骨后，迅速放入冰水中，去除黏液、脏物和腥臭味。焯煮后的热水全部倒掉。

用热水焯煮真鲷的鱼肉部分后，迅速把鱼肉放入冰水中。焯煮后的热水全部倒掉。

在深底锅中装水，倒入焯煮后冰镇的真鲷鱼中骨，并将真鲷鱼肉铺在最上面。水不用多到没过食材。盖上锅盖，并用大火加热。

煮沸前打开锅盖，调为中火，用木勺轻轻敲鱼中骨。鱼中骨裂开后会产生浮沫，一定要将浮沫清除干净。

用中火持续熬煮 2 小时，关火后约 10 分钟，汤表面会形成一层油脂，用汤勺将油脂捞干净，作为鲷鱼油使用。

加水后，再次用大火加热，在沸腾后调为中火。用木勺轻轻敲鱼中骨，大约熬煮1.5小时就能完成高汤。过滤后，即可作为拉面的汤头。

将深底锅坐入冷水中冷却，稍微冷却后，放入冰箱冷藏保存，第二天再使用。

炙烤真鲷碎肉

　　在充满浓郁真鲷鲜味的汤里，加入更显"鲷鱼感"的真鲷碎肉。先用煎烤锅烹熟真鲷，再用喷枪进行炙烤处理。烧烤的香气为汤头起到了画龙点睛的作用。

──────────【 材料 】──────────

真鲷鱼肉、盐

1 在真鲷鱼肉上撒盐。

2 放入煎烤锅中，盖上盖子加热。

3 在烹制过程中，要将鱼肉翻面并变换位置，让整体上色均匀。适时调整火候，避免鱼肉烧焦。

4 完成后用手将鱼肉撕成小碎片，仔细挑出小鱼刺。

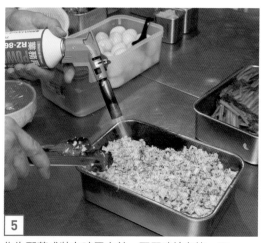

5 作为配菜盛装在碗里之前，再用喷枪炙烤一下。

Smoke 叉烧肉

先用盐和黑胡椒对猪梅花肉调味，再用低温烹调法处理，最后再进行烟熏处理。先切片再烟熏，这样可以增大接触面积，使叉烧肉片整体都充满烟熏香气。

——————【 材料 】——————

猪梅花肉、盐、粗粒黑胡椒、纯净水

3

放入冷水中充分冷却后，再放入冰箱冷藏保存，第二天再使用。

4 第二天早上切成 2 毫米厚的片，再放入冰箱冷藏一晚。

1

在日本产猪梅花肉上撒上盐和粗粒黑胡椒，真空处理后放入冰箱冷藏入味，至少需要8小时以上。

5

营业前用山毛榉和樱花木片烟熏 2.5 小时。

6 叉烧肉片摆放在面条上，用喷枪炙烤一下表面。
上层炙烤、中间半熟、下层浸在汤里，一次享用三种不同口感与味道的叉烧肉。

2

用 60℃的热水加热 4.5 小时。

水煮小松菜

使用西船桥产的小松菜。鲷鱼拉面使用口感清脆的菜梗部分，浓厚真鲷拉面则使用能够吸附浓厚汤汁的菜叶部分。

面条

使用日本北海道产小麦面粉和10%的石臼研磨北海道全麦面粉混合在一起制作而成的面条。真鲷拉面的面条为18号切面刀（1.67毫米面宽）切成的（右）。浓厚真鲷拉面的面条为14号切面刀（2.14毫米面宽）切成的（左）。

太阳照常升起

■ 地址：日本东京都杉并区

■ 鱼干拉面

　　比起浓厚鱼干拉面，鱼干拉面比较清爽，属于清淡系拉面。汤头的主要食材为日本鳀鱼干（黑背），在不同时间点分批加入4种不同烘烤程度的鱼干，熬出来的汤充满浓郁鱼干鲜味。拉面使用的酱汁是由酱油酱汁和盐味酱汁混合而成的，另外用猪油作为风味油。配菜有猪梅花叉烧肉和小松菜。面条为22号切面刀（1.36毫米面宽）切成的含水量高的直面。

■ 浓厚鱼干拉面 + 厚切猪肉（1片）

浓厚鱼干拉面和鱼干拉面在味道上有明显差异。在肉汤里加入鱼干一起熬煮，之后再加上熬煮清淡鱼干汤头所剩下的鱼干。鱼干略带苦味，咸度也比较高，但带有一丝淡淡的甜味。这是基于将鱼干鲜味浓缩的理念所制作出的汤头。面条为20号切面刀（1.5毫米面宽）切成的含水量低的直面。面里的猪五花叉烧肉为单点菜品，在客人点餐后才切成厚片。

鱼干油与酱油酱汁

用于鱼干拉面、浓厚鱼干拉面的鱼干油，是用猪油熬煮日本鳀鱼干（白口）制作而成的。而用于盐味鱼干拉面的鱼干油则是把鱼干用白绞油熬煮而成的。酱油酱汁中使用了2种酱油，还有鱼干、鲣节、鱿鱼干和干香菇。将酱油酱汁和盐味酱汁混合在一起，用于鱼干拉面和浓厚鱼干拉面的调味。

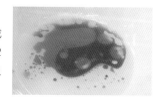

盐味鱼干拉面

盐味鱼干拉面使用的汤头和面条都与鱼干拉面相同，而不同的是酱汁。这款拉面所使用的酱汁是由昆布、干香菇、鱼干和鲣节高汤制作而成的盐味酱汁。另外，用白绞油熬煮的鱼干油搭配加入了青紫苏的紫苏鱼干油作为风味油。清爽的口感和使用酱油酱汁的鱼干拉面截然不同。为了突出香气，在面条和汤汁都盛入碗后，再淋上风味油，最后摆上花穗紫苏作为点缀。

盐味酱汁

使用3种盐、昆布、干香菇、2种鱼干和2种鲣节制作而成。

分阶段熬煮不同种类的
日本鳀鱼干，增添浓郁香味

虽然主要食材为日本鳀鱼干（黑背），但是在不同时间点分批加入未烘烤、稍微烘烤、正常烘烤和大号的4种日本鳀鱼干一起熬煮，最后的成品充满浓郁的鱼干鲜味。搅拌或过滤时注意不要挤压食材，这样才能保留最纯正的风味。要熬煮60碗汤头，必须使用6.2千克左右的鱼干。

鱼干拉面的汤头

【 材料 】

3种干叶产日本鳀鱼干（黑背）、飞鱼干、炙烤鱿鱼干、大号日本鳀鱼干（黑背）、纯净水

鱼干泡水6小时以上，香味会逐渐流失，所以营业当天早上才开始准备中午用的汤头，直接将鱼干倒入锅中熬煮，不再另外泡水。

先将未烘烤、稍微烘烤、正常烘烤的3种干叶产日本鳀鱼干（黑背）倒入深底锅中加水熬煮。

先用大火熬煮，沸腾后再调为中火。开始散发出香味后，关火用余热闷煮。

差不多30分钟，等鱼干沉淀后就可以过滤了。

将10厘米大小，品质稍微高一点的日本鳀鱼干（黑背）和飞鱼干放入深底锅里。飞鱼干尽量选择形状完整的。在深底锅里放一个滤网，过滤步骤3的汤汁。将过滤后剩下的鱼干作为熬煮另一款浓厚汤头的基底。

用小火加热深底锅，并加入炙烤鱿鱼干。

最后再加入4条大号的日本鳀鱼干，并且关火。

用细网格滤网进行过滤。注意过滤时不要挤压食材，才能保持汤头的清澈。将过滤后剩下的鱼干也作为熬煮另一款浓厚汤头的基底。

将过滤后的汤头坐于冷水中急速冷却。

不加蔬菜，只用鸡骨架、猪骨和鱼干熬煮的汤底

在肉汤里添加制作鱼干拉面汤头剩下的鱼干，熬煮成汤头基底。另外，再加上制作鱼干拉面汤头剩下来的鱼干，熬煮成浓厚鱼干拉面用的汤头。要熬煮100碗汤头基底，必须使用15千克的鸡爪、各10千克的鸡骨架和猪脊骨、3千克的鸡油，之后还要再添加14千克左右的鱼干。

浓厚鱼干拉面的汤头基底

———【 材料 】———

鸡骨架、鸡爪、猪脊骨、鸡油、制作鱼干拉面汤头第一次过滤剩下的鱼干（见122页步骤4）、制作鱼干拉面汤头第二次过滤剩下的鱼干（见122页步骤7）、制作鱼干油剩下的鱼干（见120页）、纯净水

熬煮鸡爪、鸡骨架、猪脊骨和鸡油。比较硬的骨头铺在锅底，装水后点火加热。不添加任何蔬菜。

放入制作鱼干拉面汤头第一次过滤剩下的鱼干，继续熬煮。

然后，放入制作鱼干拉面汤头第二次过滤剩下的鱼干。

再放入制作鱼干油剩下的鱼干，继续熬煮。开始有香味后，用力搅拌，并用木勺捣碎鱼干。

当浮在表面的油变成灰色且散发出香味后，就可以开始过滤。

使用滤网过滤，过滤时挤压食材。

将过滤后的汤头坐于冷水中冷却，然后放入冰箱冷冻保存。汤头基底2天制作1次。

添加熬煮过的鱼干
强调鱼干风味

　　自冷冻库中取出结冰的浓厚鱼干拉面的汤头基底，加热后再加入5种鱼干，进一步突显鱼干的香味。

浓厚鱼干拉面汤头

——【 材料 】——

浓厚鱼干拉面的汤头基底、3种日本鳀鱼干（黑背）、飞鱼干、日本鳀鱼干（白口）

1 加热浓厚鱼干拉面的汤头基底，然后加入3种日本鳀鱼干（黑背）和飞鱼干一起熬煮。形状完整的飞鱼干用于熬煮鱼干拉面的汤头，捣碎后的则用于熬煮浓厚鱼干拉面的汤头。

2 开始有香味后，加入日本鳀鱼干（白口），调为小火继续熬煮10~15分钟后关火。

3 使用滤网过滤，过滤时用锅底挤压食材。过滤后剩下的鱼干放入要制作浓厚鱼干拉面汤头基底的深底锅中。

4 再次使用细网格滤网过滤。准备1天的分量。

面条

　　浓厚鱼干拉面的面条为20号切面刀（1.5毫米面宽）切成的含水量低的直面。鱼干拉面的面条为22号切面刀（1.36毫米面宽）切成的含水量高的直面。加面用的面条会拌入用猪油熬煮的鱼干油、酱油酱汁和盐味酱汁。

用于盐拉面和冷面的充满紫苏味的风味油

　　浓厚鱼干拉面所使用的酱油酱汁里，掺有用猪油熬煮的鱼干油。而盐味鱼干拉面和冷面使用的风味油是用植物油熬煮的鱼干油混合青紫苏做成的紫苏鱼干油制成的。为了突出香味，将面条和汤汁盛入碗中后再淋上风味油。

紫苏鱼干风味油

──── 【 材料 】 ────

白绞油、日本鳀鱼干（白口）、青紫苏

1 将白绞油加热，调为小火后加入鱼干，让鱼干风味融入油中。

2 将青紫苏切碎，放入容器里。将热腾腾的鱼干油过滤至装有青紫苏的容器中。过滤后剩下的鱼干用来熬煮浓厚鱼干拉面汤头基底。

半熟叉烧肉

──── 【 材料 】 ────

猪梅花肉、2种酱油、砂糖

将酱油和砂糖放入锅中，加热至70℃，接着放入猪梅花肉。盖上内盖，保持温度在55℃，熬煮6小时后取出猪梅花肉。为了保持原味，酱汁不再加水。所有品类的拉面都会附上一片叉烧肉，在营业前切片即可。

猪五花叉烧肉

──── 【 材料 】 ────

煮好的猪五花肉、2种酱油、砂糖

将煮好的猪五花肉腌渍在酱油和砂糖的酱汁中。厚切的猪五花肉比薄切更美味，所以列为单点菜品，在客人点餐后再切片。

狮子丸拉面家

■ 地址：日本爱知县名古屋市中村区

■ 鱼干酱油拉面

精选飞鱼、日本鳀鱼（白口）、鲹鱼三种鱼干，追求不带杂味的均衡鲜味。另外还加入罗臼昆布、鲭鱼节、蓝圆鲹（又叫巴浪鱼、棍子鱼）节，熬煮出香气与鲜味兼具的美味汤头。活用腌渍猪五花叉烧肉的酱汁作为酱油酱汁，风味油则以鱼干油为主。为了让含有谷氨酸的昆布和含有肌苷酸的鱼干两者的香味能够相辅相成，店家使用自制的牛肝菌泥（含有鸟苷酸）作为配料。牛肝菌泥溶在汤里后，香醇的美味瞬间在口鼻间散开，美味至极。另外，配菜中的叉烧肉是低温烹调的鸡胸肉和猪梅花肉。

■ 狮子丸白汤拉面 + 丰盛套餐

先用压力深底锅将鸡骨架熬煮成鸡白汤，再使用小锅以2:1的比例将鸡白汤与鱼干汤混合在一起加热，接着用搅拌机将热汤打至起泡后盛装在碗里。鱼干汤不仅使鸡白汤更加温和，也有助于打出绵密的泡沫。白汤拉面所使用的酱油酱汁和面条都与鱼干酱油拉面一样。店里的自制面条使用的是日本全麦面粉制作而成的中细宽面。丰盛套餐包含烤牛肉、炖猪肉、溏心蛋和季节性点心，每天限量供应60份。图中的季节性点心是玉米奶油冻。

重视鲜味、香味、甜味之间的平衡

　　过去只用大号的日本鳀鱼干（白口）熬煮汤头，但为了降低苦味和杂味，并且要使鲜味、香味和甜味之间达到均衡，现在选用小号的鱼干，并且改变了烹调方式。使用濑户内产鲹鱼干和日本鳀鱼干、长崎产飞鱼干和脂眼鲱节、枕崎产的鲭鱼节和蓝圆鲹节。这里的鲣节是用来增强香味的。鱼干汤和鸡白汤的比例为1:2，作为狮子丸白汤拉面的汤头。

鱼干汤

【材料】

飞鱼干、日本鳀鱼干（白口）、鲹鱼干、罗臼昆布、脂眼鲱节、鲭鱼和蓝圆鲹鱼的混合鱼干、纯净水

1　前一天先将罗臼昆布、飞鱼干、日本鳀鱼干、鲹鱼干泡水出汁，第二天早上再加热。10升的水里加入各150克的飞鱼干和日本鳀鱼干、100克的鲹鱼干，以及高品质罗臼昆布。

2　加热至60℃后，捞出昆布。之后用这些昆布将猪梅花肉卷起来，低温烹调成叉烧肉。

3　温度达到90℃后，加入脂眼鲱节、鲭鱼和蓝圆鲹鱼的混合鱼干。脂眼鲱节和混合鱼干事先泡水15分钟。

4　保持温度在90℃继续熬煮，约15分钟后关火过滤。过滤时先在滤网上铺一层棉布。轻轻挤压食材，注意不要太用力，然后静置冷却。

鱼干油

作为风味油使用。制作方法是用色拉油熬煮鱼干粉、鲭节粉、飞鱼干粉。用120℃的温度熬煮60分钟左右。

增添蔬菜甜味和海鲜风味

使用压力锅在短时间内制作完成鸡白汤。熬煮过程中释放压力，加入蔬菜和鱼干后继续熬煮。添加鲭鱼节、日本鲣鱼干和飞鱼干的鸡白汤变得更加清爽，搭配鱼干汤一起使用，更具相辅相成的效果。

鸡白汤

【材料】

鸡骨架、鸡爪、猪脊骨、猪背脂、圆白菜、土豆、大蒜、生姜、鲭鱼节、日本鲣鱼干、飞鱼干、纯净水

1 压力锅中加水，烹煮鸡骨架、鸡爪、猪背骨和猪背脂，20分钟后释放压力，加入蔬菜和鱼干等，再次施压加热20分钟左右。煮好后过滤。

2 过滤后将汤头坐于冷水中冷却，然后放入冰箱冷藏保存。

油封般的温润口感

将鸡胸肉、特级初榨橄榄油和香草等真空包装处理，油封腌渍2天后再用低温烹调法处理。温润的口感在鸡白汤与鱼干汤中具有锦上添花的效果。

鸡肉叉烧

【材料】

鸡胸肉、特级初榨橄榄油、香草（迷迭香、罗勒、奥勒冈）、盐、胡椒

1 将特级初榨橄榄油、香草、盐、胡椒和鸡胸肉真空包装处理，油封腌渍 2 天。

2 使用蒸焗炉的蒸汽模式，将温度设置在 61℃。

3 加热 6 小时，出炉后立即冲水冷却，并放入冷藏室。

猪梅花叉烧肉

先在猪梅花肉上撒盐和胡椒，再用熬煮过鱼干汤的罗臼昆布卷起来，同样用真空包装处理。使用蒸焗炉的蒸汽模式，将温度设定在 64℃，加热 10 小时。肉的表面上色即可。

添加青森产大蒜的胡椒油

这是摆在桌上供客人随时取用的调味料，可以用来改变白汤的味道。用橄榄油和色拉油熬煮青森产的大蒜和黑胡椒。只要一点点就可以改变白汤的浓度和香味。

鱼干、昆布和菌菇泥
有助于增加香味

　　不同鲜味程度的组合，有时可以产生相辅相成的效果，进而让鲜味变得更加强烈。基于这个原理，将含有肌氨酸的特制鱼干、含有谷氨酸的昆布和含有鸟苷酸的菌菇泥作为鱼干拉面的配料。店家曾使用干香菇制作菌菇泥，但香菇气味太过强烈，后来便改用牛肝菌和普通蘑菇。同时使用冷冻牛肝菌和干牛肝菌，可以让风味更具层次与深度。

菌菇泥

【 材料 】

橄榄油、大蒜、洋葱、冷冻牛肝菌、干牛肝菌、棕色菌菇、口蘑、盐、黑胡椒、纯净水

因为菌菇类会出水，所以要一直炒至水分蒸发。

同样炒至水分蒸发，然后加盐和黑胡椒调味。

加热橄榄油，爆香大蒜。接着放入洋葱炒熟。

将冷冻牛肝菌切成块，棕色菌菇和口蘑切成小块，同样放入油里炒熟。

将干牛肝菌事先泡水约15分钟，之后连同牛肝菌水一起倒入油里搅拌。

稍微放凉后，用搅拌机搅碎，并且放入冰箱冷藏保存。

燕黑煮干拉面

■ 地址：日本长野县松本市倭

■ 燕黑拉面

覆盖一层浓厚猪背脂的燕三条系拉面。店主从"拉面中带有杂味和涩味，这样的美味才会令人印象深刻"这句话中获得灵感，因此刻意不清除鱼干内脏，在持续沸腾的过程中萃取鱼干的鲜味和杂味。相反，熬煮汤头的基底时，则一定要将浮沫捞除干净，保持清澈的味道，这样才能让鱼干的风味和鲜味更加明显。如果汤头过于清爽，可以通过添加猪背脂来调整浓郁度。客人可以自由选择大脂（2倍背脂）或鬼脂（5倍背脂）。

■ 极品浓郁鱼干拉面

　　活用燕黑拉面汤头的青森风鱼干拉面，通过猪油和乳化处理，让拉面的口感更加顺口。味道虽然具有一定冲击性，但店家希望打造出任何人都可以接受的美味。面条是比较爽口的细直面，用22号切面刀切成。特制的日本产鳀鱼干泥溶在汤里后，味道会变得更加强烈。

燕三条系的背脂鱼干拉面和
青森系的鱼干拉面

　　招牌的燕黑拉面是燕三条系的背脂鱼干拉面。因为食材中有鱼干，所以当天制作的汤头会在当天使用完，不会留到第二天。燕三条系拉面店容易受到原材料物价上涨的影响，所以店家充分活用准备工作中所使用的食材，推出青森风鱼干拉面极品浓郁鱼干拉面，有助于增加收益。

▶汤头制作流程

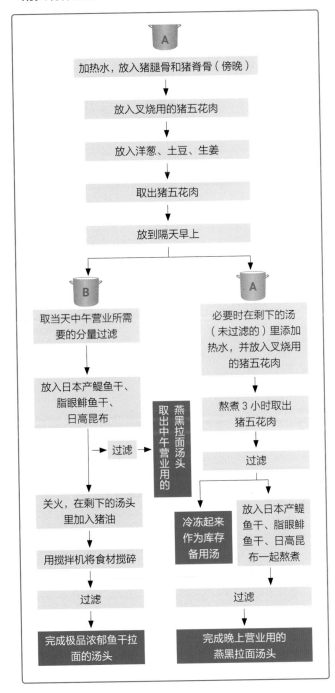

```
                    ┌───┐
                    │ A │
                    └───┘
        加热水，放入猪腿骨和猪脊骨（傍晚）
                      ↓
           放入叉烧用的猪五花肉
                      ↓
           放入洋葱、土豆、生姜
                      ↓
              取出猪五花肉
                      ↓
              放到隔天早上
         ┌────────────┴────────────┐
       ┌───┐                     ┌───┐
       │ B │                     │ A │
       └───┘                     └───┘
   取当天中午营业所需        必要时在剩下的汤
   要的分量过滤            （未过滤的）里添加
        ↓               热水，并放入叉烧用
   放入日本产鳀鱼干、       的猪五花肉
   脂眼鲱鱼干、               ↓
   日高昆布              熬煮3小时取出
        ↓               猪五花肉
   → 过滤                    ↓
        ↓  取出中午营业用的    过滤
   关火，在剩下的汤头  燕黑拉面汤头    │
   里加入猪油            ┌────────┴────────┐
        ↓          冷冻起来        放入日本产鳀
   用搅拌机将食材搅碎   作为库存        鱼干、脂眼鲱
        ↓          备用汤          鱼干、日高昆
     过滤                         布一起熬煮
        ↓                          ↓
  完成极品浓郁鱼干拉        过滤
  面的汤头                  ↓
                    完成晚上营业用的
                    燕黑拉面汤头
```

1 将猪腿骨和猪脊骨放入深底锅A中，加入热水后用大火加热，火力全开。因为汤头不能一直处于翻滚状态，为了让骨髓溶入汤里，先将猪腿骨纵向切开后，再放进锅里熬煮。

2 出现浮沫后，无论是黑色还是白色浮沫，都要捞除干净。为了衬托出鱼干的风味，熬煮高汤时，一定要仔细去除杂味。

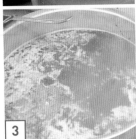

3 沸腾后放入叉烧用的猪五花肉，连同骨头一起熬煮3小时。放入冷冻肉品时会使温度下降，所以火候暂时维持在大火。再次沸腾时，汤表面同样会出现浮沫，一定要捞除干净。

133

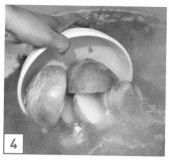

4

加入切开的洋葱、切成片的土豆和生姜。再次沸腾后，调为小火。熬煮过程中需要频繁捞除浮沫。

5

猪五花肉熬煮3小时后捞出。取出猪肉后，继续小火熬煮1小时。关火后静置一晚，不要盖上锅盖。

6

第二天大火加热骨头汤。用滤网过滤当天中午需要使用的分量放入深底锅B中。

7

大火加热深底锅B中的猪骨汤头，加入2种鱼干和日高昆布。沸腾后调为中火。保持沸腾状态继续熬煮2小时。

8

步骤7深底锅B中的猪骨汤，取出中午营业所需要的分量过滤。用小火加热汤头，客人点餐后再倒入碗中。

9

装有约一半猪骨汤和骨头的深底锅A，用大火加热。根据汤头状况决定是否添加热水。汤头煮沸后，将叉烧用的猪五花肉放入汤里。再次煮沸后调为中火继续熬煮3小时。

10

从深底锅A中捞出叉烧用的五花肉。过滤汤头后，取出晚上营业所需要的分量。剩下的猪骨汤放凉后，放入冰箱冷冻保存，作为库存备用汤。晚上营业时，从步骤7开始重复操作一遍。

134

极品浓郁鱼干拉面的汤头

【材料】
添加鱼干的营业用汤头、猪油

1

在准备燕黑拉面汤头的步骤9中，取出中午营业所需要的分量。关火并将液体状的猪油倒入。

2

将内有鱼干的汤头倒入搅拌机中，搅拌至食材变细碎，但注意搅拌过度容易有涩味。搅拌至银色鳞片掉下来即可。

3

搅拌后，用滤网过滤汤头。搅拌时难免出现涩味，所以过滤时注意不要挤压食材。

4

将过滤好的汤头置于冰箱冷藏保存。持续加热的话容易导致汤头变质，所以客人点餐后再用小锅加热需要的分量。

混合3种不同粗细的面条

按均匀的比例使用10号切面刀（3毫米面宽）、14号切面刀（2.14毫米面宽）、18号切面刀（1.67毫米面宽）切成的面条。加水率为35%~37%，因为具有嚼劲，所以也非常适合用作蘸面的面条。但细面容易结块，不建议将煮熟的面条经冷水冲洗后，重新放入热水中加热。

混合面条

【材料】
低筋面粉（日本产小麦面粉）、高筋面粉（非日本产小麦面粉）、碱面、纯净水、盐、栀子花粉（使面条呈微黄色）

1

算好低筋面粉和高筋面粉的比例，倒入混合机中轻轻搅拌备用。

2

在事先用水溶解并冷却的碱水中，加入盐和栀子花粉，搅拌均匀。

3

将步骤 2 倒入面粉中，搅拌 3 分钟。3 分钟后打开盖子，刮下粘在内壁的面团，继续搅拌 8 分钟。

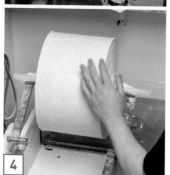

4

压成 6 毫米厚的粗面片。

5

进行 1 次整合。

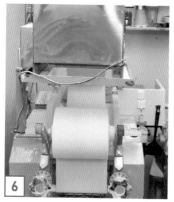

6

为了避免面带粘黏，撒上扑面后再次压制。

7

完成后用塑料袋包裹住面片卷，根据实际情况醒发 15~60 分钟。

8

进行压面的同时，用混合面条专用的切面刀来切。

9

将切好的面条放入保存箱中，入冰箱冷藏保存，客人点餐后可以立刻拿出来使用。B 为混合面条，A 为极品浓郁鱼干拉面用的面条。

酱油酱汁

用于燕黑拉面和极品浓郁鱼干拉面的酱油酱汁，不使用高汤，只用浓口、淡口等 3 种酱油混合而成，突显酱油风味。汤里加入了猪背脂，口感会更加顺滑，制作酱油酱汁时不加水，只用粗盐来调整咸味。用这些酱汁来腌渍叉烧用的猪肉，猪肉的甜美鲜味也会溶入酱汁中。为了防止酱汁变淡，在旧酱汁中添加新的酱汁来保持味道不变。每次更换一半，确保酱油酱汁的品质稳定。

风味笋干	猪背脂	叉烧肉

风味笋干

【材料】

盐渍笋干、热水、味淋、浓口酱油

1 将腌渍一晚的盐渍笋干在第二天早上用热水冲洗掉多余盐分。

2 将笋干、味淋和浓口酱油倒入装有热水的压力锅中，用大火加热。沸腾后调为小火，继续熬煮1小时。

3 散掉余热后盖上厨房用纸，继续放凉。

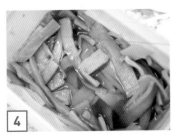

4 冷却后，将笋干分装，并放入冰箱冷藏保存。尽量不添加其他调味料。

猪背脂

【材料】

猪背脂、纯净水

1 将冷冻猪背脂直接放入装有热水的压力锅中。用汤头熬煮猪背脂的话，猪背脂容易吸附上其他食材的味道，所以店家另外用热水进行熬煮。因为便宜的猪背脂腥臭味比较强烈，所以最好使用优质猪背脂。

2 用大火熬煮至沸腾。沸腾后调为中火，继续熬煮1小时。用漏勺和汤勺将猪背脂压碎。熬好液体状猪油可以作为风味油使用。

叉烧肉

【材料】

猪骨汤、猪五花肉、酱油酱汁（浓口及淡口等3种酱油、粗盐、三温糖）

1 用燕黑拉面的猪骨汤熬煮猪五花肉3小时。用大火加热至沸腾，调为小火继续熬煮。

2 将猪五花肉从汤中捞出，趁热直接浸泡在拉面用的酱油酱汁中。

3 腌渍3小时后，将猪五花肉捞出并放凉。放凉后用保鲜膜包裹起来，放入冰箱冷藏一晚以上。在提供给客人前，用热水稍微加热一下即可。

巴黎桥煮干拉面
和烤牛肉幸手店

■ 地址：日本埼玉县幸手市

■ 鱼干拉面（青）

　　店里的鱼干拉面分为"青"和"白"两种，"青"的鱼干香气比较强烈，而"白"的鱼干鲜味比较强烈，各自使用的汤头是分别在不同锅中熬煮的。店家十分重视鱼干的新鲜度，所以无论汤头或鱼干油都是当天制作当天用完的。另外，店家致力于改良"青"，让不太喜欢鱼干的人也能轻松接受。面条使用的是含水量高的中细鸡蛋卷面。煮面时间约为1分30秒，面条稍微偏硬。叉烧肉为先用盐和迷迭香腌渍的猪梅花肉，再用低温烹调法制成的。

■ 鱼干拉面（白）+ 烤牛肉盖饭（小份）

　　"白"中使用了较多的日本产鳀鱼干（白口），因此鱼干的鲜味比香气更加强烈。每天早上熬煮鱼干油作为风味油使用，并淋在整碗汤的表面，让客人第一口就可以品尝出鱼干油的迷人风味。另外，大部分客人点餐时都会追加烤牛肉盖饭。烤牛肉盖饭使用的是美国产牛肉的内侧腿肉，小份约使用50克牛肉。通常会淋上蒜蓉黄油酱，夏季则改用冷冻柚子醋渍萝卜泥（如图）。另外，有时也会推出牛排或牛舌等特别菜单，店家会将最新消息随时更新在网络上。

鱼干拉面（青）的汤头

汤头是用沙丁鱼干、日本鳀鱼干（白口）、昆布、鲭节粉一起熬煮的。"青"的汤头中多使用沙丁鱼干。如果前一天泡水出汁后再进行熬煮，味道会不太稳定，所以现在改为营业当天早上用低温进行烹煮。当天制作的汤头，当天使用完。营业时会时常试一下味道，觉得味道不够时就添加鱼干，确保口味品质稳定。客人们比较偏好"青"，因此会多制作一些"青"的汤头。

鱼干油

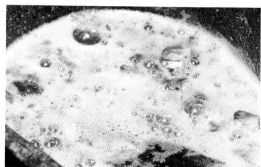

鱼干油的做法是使用色拉油熬煮沙丁鱼干、日本鳀鱼干（白口）和昆布。为了防止鱼干风味油流失，当天制作，当天使用。为了让客人一口就可以品尝出鱼干油的味道，店家会在碗中倒入足够分量的鱼干油，覆盖在整碗汤的表面。

鱼干拉面（白）的汤头

汤头是用沙丁鱼干、日本鳀鱼干（白口）和昆布一起熬煮的。"白"的汤头不加入鲭节粉，但会多次放入日本鳀鱼干（白口）。和"青"一样的是，都不用泡水出汁，营业当天直接用小火熬煮即可。图中使用的食材是千叶产的沙丁鱼干和广岛产的日本鳀鱼干（白口）。

酱油酱汁

为了突显新鲜鱼干汤头和鱼干油的鲜味，酱油酱汁里不添加鱼干和鲣节，只用干香菇、葱和大蒜调制成酱油酱汁。

Noodle Stand Tokyo
面条店

■ 地址：日本东京都涩谷区

Kuroshio鱼干拉面（酱油味）

汤头为肉汤和鱼干高汤以1：2的比例混合而成的。肉汤使用猪腿骨和鸡骨架等熬煮而成，鱼干高汤则用千叶产鲲鱼干（白口）、濑户内产鲲鱼干（白口）和千叶产沙丁鱼干等熬煮而成。另外搭配风味油、千叶产天然酿造酱油调制而成的酱油酱汁，最后再摆放上千叶产的猪梅花叉烧肉作为配菜。店长西卷刚先生认为"使用同一产地的食材，可以搭配出十分协调的美味"，所以店里使用的食材都是以千叶产为主的食材。

■ 特制背脂 Kuroshio 鱼干拉面（盐味）

这款拉面使用和Kuroshio鱼干拉面相同的汤头，但添加了猪背脂，味道更加浓郁强烈。猪背脂不仅有油脂，还有香气，有助于提升拉面整体的香味。配菜有叉烧肉、小松菜、大葱、小葱、笋干、煮鸡蛋、海苔和竹炭鱼板（鱼肉制作的黑色鱼豆腐）。腌制卤蛋的酱汁为酱油酱汁或叉烧肉酱汁，味道咸中带甜。

使用压力锅，
短时间内萃取食材精华

为了使鱼干汤头更具层次感，还会加入猪腿骨、鸡骨架和鸡爪熬煮。因为使用大量猪腿骨，使用压力锅的话可以缩短熬煮时间。为了萃取出骨髓精华，最后要搅拌一下汤头至白色混浊状。

浓厚汤头

———【 材料 】———

猪腿骨、鸡骨架、鸡爪、烤洋葱、纯净水

1 在锅中加水，熬煮猪腿骨，煮沸后将热水倒掉。然后，用流动的清水将猪腿骨上的血块清洗干净。

2 将水和猪腿骨放入压力锅中。盖上锅盖，加压熬煮 1 小时。

3 释放压力，加入事先焯煮过并除去腥味的鸡爪，以及浸泡在水里半天、已泡掉血水的鸡骨架，还有烤洋葱。然后盖上锅盖，加压后熬煮 1 小时。

4 关火并释放压力，静置 2 小时后打开锅盖。开盖后用大火加热，用木勺搅拌 30~60 分钟。

3种不同鲜味和
甜味的鱼干组合

使用鲜味强烈的千叶产沙丁鱼干、日本鳀鱼干，以及濑户内产日本鳀鱼干（白口），呈现出丰富且多层次的鱼干风味。使用量会根据鱼干的状况进行调整，通常3种鱼干的用量差不多。

鱼干汤头

———【 材料 】———

沙丁鱼干、日本鳀鱼干（白口）、日本鳀鱼干、纯净水

1 将沙丁鱼干、日本鳀鱼干（白口）、日本鳀鱼干放入深底锅中，加水至快要没过食材的程度，浸泡一晚出汁。

2

第二天早上用小火加热步骤 1，熬煮 15~20 分钟。注意火候，不要让汤沸腾。

3

用滤网过滤。鱼干破碎的话会有涩味，所以过滤时不要挤压食材，让汤汁自然滴落即可。

用压力锅煮脂肪较少的猪梅花肉

使用酱油酱汁熬煮瘦肉和油脂分布均匀的干叶产猪梅花肉。使用压力锅煮，可以使肉质更加软烂，避免猪肉碎成肉末，还可以避免长时间煮肉产生的酱油苦味。

猪梅花叉烧肉

———— 【 材料 】————

猪梅花肉、酱油酱汁（酱油、日本酒、味淋、砂糖、生姜、大蒜）、绿色葱段

1

为了防止猪五花肉碎成肉末，先用线捆绑住。

2

在压力锅中放入步骤 1 和酱油酱汁、绿色葱段，盖上锅盖后加压，熬煮 40 分钟左右。

3

关火并释放压力，静置一晚即可完成湿润又柔软的猪五花叉烧肉。

酱油酱汁

使用"Tamasa 酱油"制作而成。"Tamasa 酱油"是位于千叶县富津的宫酱油店生产的酱油，是放在木桶里熟成一年的天然酿造酱油。在充满浓郁香气且鲜味强烈的酱油里添加味淋、日本酒、砂糖、宗田节和鲭节，用小火在不沸腾的状态下慢慢熬煮成酱油酱汁。

风味油

在米糠油里加入大蒜、生姜、洋葱制作而成的风味油。使用米糠制作的米糠油具有很高的营养价值，适合追求健康养生的客人。另外，店家也为喜欢重口味的客人准备了用压力锅熬煮的猪背脂。

盐味酱汁

混合日本产海盐、法国天然盐之花（味道层次丰富，咸而不苦，并带有香味，价格极为昂贵）、秋田盐汁（鳕鱼鱼露）3种不同的盐味，再用昆布和干香菇制成的高汤补充鲜味。

中粗面条

使用日本东京浅草"浅草开化楼"制面厂生产的中粗面条。含水量偏高，面条不易延展，具有十足的嚼劲。1人份的面条约为150克，建议煮面时间为2分钟到2分30秒，面条虽然偏硬，但吃起来很有嚼劲。

低糖面条

为了健康爱好者而特地委托"浅草开化楼"制面厂研发生产的低糖面条。与一般面条相比，低糖面条少了35%的糖分，口感顺滑，而且因为添加了麸质，所以充满了香气。煮面时间约为3分30秒。客人只要多加100日元（约5元人民币），就可以变更成低糖面条。

Machikado
真鲷拉面

■ 地址：日本东京都涩谷区

■ 真鲷拉面

　　这款拉面的灵感来自有着浓厚鱼酱的意大利面。汤头不使用任何肉类，仅仅在鲷鱼汤中加入用烤箱烘烤过的鱼头，以及粘在锅内的微焦鱼下巴肉，来衬托真鲷的多样化美味与鲜味。面条使用口感相对轻盈的意大利直面。使用硬制小麦面粉且不加碱水，所以面条极为筋道，具有嚼劲。配菜包含真鲷昆布渍、过水芹菜和柠檬片。

■ 真鲷蘸面

  将汤头继续熬煮至水分蒸发，口感变得浓郁，鲷鱼风味变得更加强烈，给人留下深刻的印象。蘸面酱汁中除了真鲷酱汁和风味油，还加入了用白酒醋腌渍的新鲜番茄和芹菜叶。面条和拉面面条的成分相同，但切得比较粗。因为口感筋道，所以十分适合作为蘸面。面条冲过冷水后会变硬，冲水后需要再用热水烫一下，让面条恢复筋道口感。

■ 真鲷青酱拌面（附真鲷汤）

在罗勒泥中加入真鲷酱汁和真鲷风味油，然后和面条拌在一起做成没有汤汁的拌面。由于面条没有泡在汤汁里，必须细细咀嚼，所以采用和蘸面同样的处理方法，冲过冷水后需要再用热水稍微烫一下，这样即能尽情享受面条外软内硬的筋道口感。配菜有烤杏仁片、真鲷昆布渍、油菜、荷兰豆、煮鸡蛋和辣味热橄榄油番茄。另外，还会附上一碗加了煮面汁和少量真鲷风味油、芹菜叶的清汤，让客人可以稍微清除一下口腔里的味道。

■ 真鲷水饺

除了拉面之外，店里其他餐食也都是以真鲷作为主要材料制作而成的。但如果只有真鲷的话，味道会过于清淡，因此店里的水饺馅中还添加了鸡肉馅。另外，将真鲷捣成鱼肉碎的话，味道会变淡，所以刻意将真鲷切成1厘米见方的块，保留口感。店长师承意大利，所以水饺的外形模仿了意大利面饺。水煮时间为2分钟。特制蘸酱是由意大利巴萨米克醋、酱油和真鲷风味油混合调制而成的。

■ 真鲷方形寿司

这款寿司的灵感来自于和歌山吃拉面的习俗，也就是拉面配押寿司（押寿司就是将配料放入押箱底层，再放上米饭，用力把盖子压下去制作成的四方形寿司，吃时切小块）一起吃的习惯。店长使用了身为意大利主厨时常会用到的苹果醋、柠檬、西西里岛海盐等食材，制作出具有独创性的方形寿司。直接吃的话会十分美味，但更建议搭配店里自制的热橄榄油，因为会有些辣，蘸一点就会相当提味。

■ 真鲷高汤饭

为了让更多客人享用完美味汤头，店家以合理的价格供应饭类餐点。煮饭时加入了浓缩真鲷汤头熬煮而成的真鲷酱汁、浓口酱油、西西里岛海盐，并在米粒上铺了一层生洋葱圈，目的是为了增添蔬菜的风味。店家考虑"添加调味料等加工制品会让味道变得人工化"，所以用洋葱取代了调味料。不少客人会将拉面汤汁淋在饭上，因此自从推出了这款餐食后，将拉面汤汁享用完的客人比例有了明显提升。

用意大利烹饪技法打造独创的鲷鱼拉面

店长荒木宇文先生曾是意大利餐厅的主厨，他活用鱼类意大利面的制作技法，打造出独一无二的美味鲷鱼拉面。汤头、酱汁、风味油、配料、附送餐点，全部以鲷鱼为食材制作而成。真鲷汤头用途广泛，还可以活用于担担面、青酱等餐点上。

▶汤头制作流程

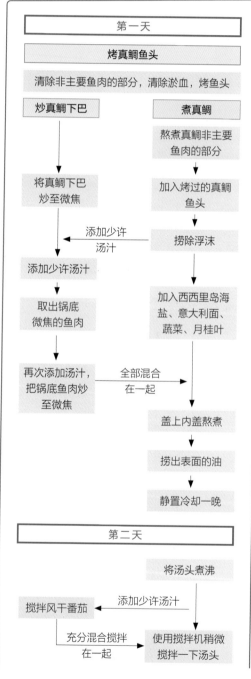

第一天

烤真鲷鱼头

清除非主要鱼肉的部分，清除淤血，烤鱼头

炒真鲷下巴		煮真鲷

熬煮真鲷非主要鱼肉的部分

↓

将真鲷下巴炒至微焦

加入烤过的真鲷鱼头

↓

←添加少许汤汁

捞除浮沫

添加少许汤汁

↓

取出锅底微焦的鱼肉

加入西西里岛海盐、意大利面、蔬菜、月桂叶

↓

再次添加汤汁，把锅底鱼肉炒至微焦 —全部混合在一起→

盖上内盖熬煮

↓

捞出表面的油

↓

静置冷却一晚

第二天

将汤头煮沸

↓

搅拌风干番茄 ←添加少许汤汁—

充分混合搅拌在一起→ 使用搅拌机稍微搅拌一下汤头

过滤

↓

在过滤后的食材残渣里加入热水煮沸

↓

过滤 —混合在一起→

客人点餐后，将所需分量的汤头和真昆布高汤混合在一起，用小锅加热即可

真鲷汤头

该店活用鱼和蔬菜、盐等调味料熬煮鱼类高汤的技法来熬煮真鲷汤头。通过添加烤鱼的鱼头，以及可以贴于锅壁烹至微焦的鱼肉来打造具有深度的味道和具有层次的鲜味。

--- 【 材料 】 ---

真鲷非主要鱼肉的部分、西西里岛海盐、胡萝卜、生姜、土豆、洋葱、芹菜茎和根的部位、意大利面、月桂叶、风干番茄、真昆布、纯净水

第一天

烤真鲷鱼头

从真鲷非主要鱼肉的部分，也就是从鱼鳃侧边剪开，将头和下巴分开。

1

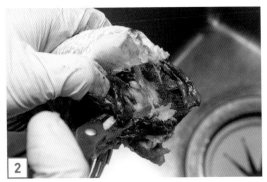

2

剪掉鱼下巴部分的鱼鳃。

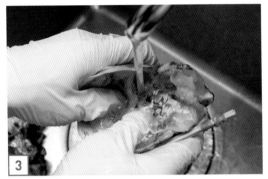

3

用流动清水洗净鱼头里面。

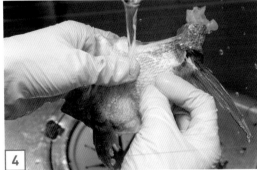

4

清除下巴部分的血块，将表面清洗干净。

5

完成准备工作后，泡在水里 20~30 分钟，可以清洗掉淤血。

6

将 1/4 的真鲷鱼头放入预热至 250℃的烤箱中，烤至表面微焦呈深褐色的程度。

7

将胡萝卜、生姜带皮对半切开，土豆和洋葱去皮后切成两半。配菜用的芹菜则保留茎和根部作为熬汤的材料。

炒真鲷下巴

1 锅内放入 1/4 的真鲷鱼下巴和 1/4 的西西里岛海盐，用中火炒至表面微焦。因为鱼下巴脂肪较多，所以不需要额外加油。

2 表面炒至微焦后，继续用中火加热，盖上锅盖使水分蒸发。

水分蒸发后，打开锅盖，改为大火加热。将鲷鱼肉贴在锅内壁，炒至微焦且呈肉松状。

4 继续拌炒，让鲷鱼的鲜味中带有少许焦味。一边拌炒，一边捣碎鱼骨，鲷鱼的风味会越来越强烈。

5 加入少量煮真鲷的汤头，让锅底刮下来的微焦鱼肉和汤汁混合在一起。调至大火，再次让鲜味中带有些许焦味。

6

水分蒸发后，重复步骤 5。

3

沸腾后，将浮沫捞除干净。

煮真鲷

1

将剩余的真鲷非主要鱼肉部分和等量的水放入另外一个深底锅中，开大火加热。

2

在水沸腾前，加入烤箱烘烤过的真鲷鱼头。

4

捞除浮沫后，改为中火加热，加入剩余的西西里岛海盐、意大利面、蔬菜和月桂叶。

153

5

将炒真鲷下巴步骤 6（见 153 页）中刮起来的微焦
鱼肉，全部倒入深底锅中。

6

混合在一起后，改为中小火，盖上内盖，继续熬煮
5 小时。

7

关火 5 分钟后，捞出浮在表面的油，作为真鲷拉面
的风味油基底使用。将芹菜、生姜、大蒜、月桂叶
和朝天椒加入这些油中，熬煮出香味即成风味油。

8

将汤头坐于冷水中，搅拌至冷却。大概降至 37℃ 左
右坐于冰块水中冷却，然后放入冰箱中冷藏一晚。

第二天

1

用大火加热汤头至沸腾。

2

在风干番茄里加入少量温热的汤头，然后用搅拌机
搅拌均匀。

把搅拌机移到汤头锅中，捣碎骨头并使其乳化。

将搅拌后的风干番茄倒入汤头中。

充分混合在一起后，用滤网过滤，过滤时用器具捣碎食材。

将煮沸的热水倒入熬煮剩下的食材残渣中，并再次煮沸。

使用滤网过滤步骤 6 的汤头，并和过滤后的步骤 5 汤头混合在一起。

155

8

处理好的汤头于隔天使用。客人点餐后，用小锅加热需要的分量即可。加热时添加泡水出汁一晚的真昆布高汤和西西里岛海盐。

真鲷酱汁

不只汤头和风味油，就连酱汁也以真鲷为食材制作而成，保持统一的真鲷风味。继续熬煮真鲷汤头，使其浓缩成精华酱汁，并加入西西里岛海盐、浓口酱油和味淋调味。为了避免真鲷的味道变淡，调制酱汁时，不添加其他高汤食材。用小锅加热所需分量的汤头时，再另外添加真昆布高汤，这样做可以为拉面补充特有的鲜味。

———————【 材料 】———————

真鲷汤头、西西里岛海盐、浓口酱油、味淋

1 将营业用的真鲷汤头熬煮至剩下 1/3。

2

加入西西里岛海盐、浓口酱油、味淋后，再次煮沸。

真鲷昆布渍

这款拉面的汤头不使用肉类，是100%的真鲷高汤拉面，所以配菜部分也没有选择猪肉或鸡肉叉烧，而是选择了真鲷昆布渍。店长在意大利餐厅担任主厨时，曾制作过昆布渍生牛肉片，店长将这一经验运用到真鲷昆布渍的制作中。通常会摆放3片，但双倍真鲷拉面中则会摆放6片真鲷昆布渍。

———————【 材料 】———————

真昆布、真鲷、西西里岛海盐、细砂糖

1 将真鲷切成 3 块，撒上西西里岛海盐和细砂糖，腌制 2 小时。

2 用喷枪烤一下带鱼皮的一面，并擦净水分。

3

用真昆布包裹住真鲷，放入冰箱冷藏半天。

切片后再用喷枪烤一下带鱼皮的一面。

4

制作真鲷水饺

真鲷捣成鱼肉馅后会降低鲷鱼的存在感，因此将鲷鱼切成块状，保留鱼肉的口感。另外，为了增加水饺的嚼劲，鱼肉馅中还会混合一些鸡肉馅。最后用真鲷酱汁和真鲷风味油进行调味，使所有餐点的味道保持一致。

━━━━━━【 材料 】━━━━━━

芹菜叶、生姜、白菜、真鲷、鸡肉馅（鸡胸肉）、真鲷风味油、真鲷酱汁、西西里岛海盐、黑胡椒粒

1 将芹菜叶、生姜和用热水烫过的白菜切碎，并将真鲷肉切成 1 厘米见方的块。

2 在鸡肉馅中加入步骤 1 和调味料，充分搅拌均匀。

4 将两端拉至中间，交叠呈半月形，用意大利面饺的方式包水饺。

3 将适量馅料放在饺子皮上，然后对折。

157

制作真鲷方形寿司

用苹果醋代替米醋制作寿司用的醋饭，打造独具特色的原创寿司。和真鲷高汤饭中用洋葱的道理一样，醋饭里添加柠檬汁也是为了避免味道过于人工化。一份有2个方形寿司。

―――――――【 材料 】―――――――

醋饭（白饭、苹果醋、柠檬汁、西西里岛海盐、细砂糖）、真鲷、西西里岛海盐、细砂糖、豆苗、白芝麻

1 在铺有保鲜膜的方形压模中放入醋饭，盖上盖子，压出形状。

2 然后放上撒有西西里岛海盐和细砂糖的真鲷，从上方轻轻按压。

3 从压模中倒出寿司，并切成长方形，表面用喷枪烤一下。最后撒上白芝麻，摆上焯熟的豆苗即可。

月与鳖煮干面

■ 地址：日本东京都港区

■ 浓厚鱼干拉面

　　虽然名为浓厚鱼干拉面，但店家致力于烹饪出没有杂味，任何人都可以享用的味道。取部分猪骨基底的鱼干汤和部分鸡骨架基底的鱼干汤在小锅里，再加入浓厚鱼干拉面酱汁（鱼干泥、浓口酱油和油调制而成）一起煮至沸腾，完成浓厚鱼干拉面专用的汤头。风味油是用色拉油熬煮鱼干制成的鱼干油。偏细的中粗面条筋道有嚼劲。配菜选用了猪梅花叉烧肉、猪五花叉烧肉、笋干、葱白和西芹。

■ 鱼干拉面

在用鸡骨架熬煮的汤里，加入鱼干一起熬煮，然后与酱油酱汁混合在一起。酱油酱汁是用天然酿造酱油和其他2种酱油制作而成，不添加任何鱼干或鲣节。用鱼干油作为风味油，仅用一种日本鳀鱼干（黑背）倒入色拉油中慢慢熬煮而成，尽量挑选大小约为7厘米长的鱼干。面条与浓厚鱼干拉面相同。

鱼干拉面用汤头

以鸡骨架为主，加入鸡爪、猪腿骨和蔬菜一起熬煮，注意不要让汤头变成白色混浊状，过滤后再和鱼干加在一起。另外，为了避免鱼干的苦味和涩味溶进汤里，熬煮时间不宜过长。

■ 浓厚鱼干蘸面（大碗）

鱼干汤头里加入了海鲜高汤提味，再和数种砂糖及酱油调制成的酱汁、猪骨基底汤头、鸡骨架基底汤头混合在一起，最后倒入浓厚鱼干蘸面用的鱼干油，以上就是蘸面酱汁的制作方法。蘸面的配菜有笋干、切成末的洋葱和切块叉烧肉。浓厚鱼干蘸面的鱼干油是将鱼干捣碎然后熬煮而成，浓度和风味比一般鱼干油更高。面条使用中粗直面，煮面时间约为8分钟，一份拉面的面条约为200克，大碗蘸面的面条为300克，但两者价格一样。

浓厚鱼干蘸面用的鱼干油

使用色拉油熬煮捣碎的鱼干，以提高鱼干油的浓度和风味。

鱼干拉面的汤头

以鸡骨架为主，加入鸡爪、猪腿骨、洋葱、大蒜、葱和生姜一起熬煮。为了避免食材的味道过于强烈，需要用小火慢慢熬煮。过滤后，加入鱼干，浸泡一段时间后再继续熬煮。只使用日本鳀鱼干（黑背），并尽量挑选大小为7厘米长的鱼干，这样才能维持汤头的品质。另外，为了让不喜欢鱼干杂味的客人也能轻松享用，熬煮时需要特别留意火候，避免产生涩味。

鱼干拉面的酱油酱汁

使用Kamebishi（香川）的三年熟成酿造酱油，搭配其他2种酱油制作成酱油酱汁。完全不添加任何鱼干和鲣节。

浓厚鱼干拉面的酱油酱汁

将鱼干泥、色拉油和浓口酱油混合在一起制成的酱油酱汁，由于浓度较高，适用于浓厚鱼干拉面。由于未经过加处理，多少会留有一些酱油曲菌的味道，为了消除这种异味，在客人点餐后，使用小锅将汤头和酱汁一起煮沸再倒入碗中。

鱼干油

作为鱼干拉面的风味油使用。用色拉油熬煮日本鳀鱼干（黑背），小火慢慢熬煮7小时后过滤即成。为了避免产生鱼干的苦味，熬煮时需要特别注意火候。

中粗面条

使用偏细的中粗直面。含水量中等，特点是口感筋道。煮面时间为1分40秒左右，稍微保留了一些硬度。

Hulu-lu 面屋

■ 地址：日本东京都丰岛区

■ 酱油 Soba 拉面

　　这款拉面使用了浓口酱油、溜溜酱油、海鲜高汤、盐、砂糖、味淋和日本酒来制作酱油酱汁。风味油则是用色拉油熬煮小葱制成的焦葱油。汤头搭配了柚子皮、鸡肉馅（用黑胡椒和纯辣椒粉调味），可以提升香气，增加味道的深度与层次。面条和盐味Soba一样，为20号切面刀（1.5毫米面宽）切成的直面。配菜除了鸡肉馅，还有猪梅花叉烧肉、笋干、豆苗和辣椒丝。

■ 盐味 Soba 午餐肉套餐

  汤头和酱油 Soba 一样，但不另外制作盐味酱汁，而是直接在碗中放入盐（冲绳命庭御庭海盐）和海鲜高汤。盐的用量约为5.5~6克，每天根据汤头的实际情况调整盐的用量，以0.1克为基本单位进行增减。海鲜高汤使用了罗臼昆布、鲭节、鲔鱼节、日本鳗鱼干等各种干货熬煮而成。风味油则是捞取汤头表面清澈的鸡油制成的。配菜和酱油 Soba 一样，但还加入了葱白。面条也和酱油 Soba 一样。

不像拉面店的店面设计
搭配极具深度的美味，令人震惊

　　店的外观和室内装潢都是夏威夷风格的。虽然这家拉面店给人的印象像咖啡厅，拥有轻松独特的氛围，但品尝一口拉面后，会立刻感受到传统拉面的美味，这种反差正是店长古川雄司先生追求的目标。汤头是用鸡骨架、整只鸡为基本食材，搭配鸭肉馅和香草熬煮而成的。另外，还会提供周五限定的蘸面、每月一次的番茄拉面、夏季或冬季限定的招牌餐点等，这些都是店家吸引客人上门的绝招。

▶汤头制作流程

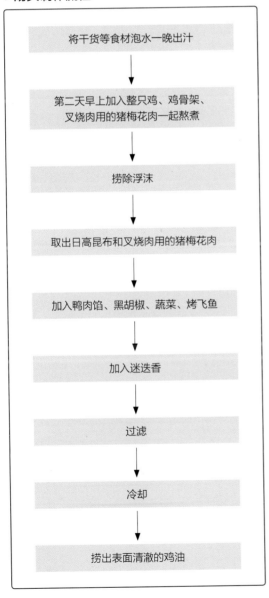

```
┌─────────────────────────────────┐
│  将干货等食材泡水一晚出汁          │
│           ↓                       │
│  第二天早上加入整只鸡、鸡骨架、    │
│  叉烧肉用的猪梅花肉一起熬煮        │
│           ↓                       │
│  捞除浮沫                          │
│           ↓                       │
│  取出日高昆布和叉烧肉用的猪梅花肉  │
│           ↓                       │
│  加入鸭肉馅、黑胡椒、蔬菜、烤飞鱼  │
│           ↓                       │
│  加入迷迭香                        │
│           ↓                       │
│  过滤                             │
│           ↓                       │
│  冷却                             │
│           ↓                       │
│  捞出表面清澈的鸡油                │
└─────────────────────────────────┘
```

海鲜豚骨（猪骨）鸡汤

　　自2012年开业以来，店家追求的一直是制作具有高级感、清爽又有深度风味的汤头，不断从错误中学习并加以改良。为了在营业时间内专心烹调餐点，一大早就会熬煮汤头，并于中午营业前过滤好。过滤后剩下的食材残渣则用于熬煮番茄拉面用的鸡白汤。

────── 【材料】──────

日高昆布、帆立贝干贝、香菇、带颈鸡骨架（吉备鸡，冈山县出产的土鸡）、整只鸡、猪梅花肉（叉烧用）、鸭肉馅、白葡萄酒、洋葱、胡萝卜、白菜、芹菜、生姜、大蒜、迷迭香、黑胡椒、烤飞鱼、纯净水

1 前一天先将日高昆布、香菇、帆立贝干贝泡水一晚。

第二天加入清除内脏后的整只鸡和带颈鸡骨架，用中火加热熬煮。

用线将叉烧用的猪梅花肉捆绑起来，然后放入汤里。

熬煮 40 分钟后，捞除表面浮沫，在这之前不要搅动食材。因为一旦搅动的话，汤头表面的清澈鸡油会变混浊。用中火慢慢熬煮。

捞除浮沫后，取出叉烧用的猪梅花肉和日高昆布。然后将猪梅花肉腌渍在叉烧肉用的酱汁中。

6

加入鸭肉馅和黑胡椒。鸭肉馅的原料是鸭胸肉和鸭腿肉各一半。另外，为了让鸭肉馅吸附锅中的浮沫，从而熬煮出清澈的汤头，放入锅前，先用白葡萄酒浸泡一下。

7

接着加入蔬菜和烤飞鱼。如果搅拌蔬菜的话，会使汤头变得混浊，所以先将蔬菜平放在最上面，再用大汤勺轻轻往下压。

8

熬煮 20 分钟后，放入迷迭香。

9

放入蔬菜熬煮 1.5 小时后，熄火。熬煮过程中不要搅动，并且要将浮沫捞除干净。

11

再捞出蔬菜类食材，改用细网格滤网过滤汤头。

10

过滤。为了防止汤头变混浊，先用滤网轻轻捞出整只鸡和鸡骨架。

12

将过滤好的汤头坐于冷水中冷却。然后捞出浮在表面的清澈鸡油，可以作为盐味Soba的风味油使用。

面条

面条是以"日本荞麦面"的概念来制作的碱水含量少的面条。选材有日本产小麦面粉、进口面粉和日本产全麦面粉，混合后一起使用，加水率为32%。盐味Soba和酱油Soba的面条均为20号切面刀（1.5毫米面宽）切成的面条，拌面使用的是14号切面刀（2.14毫米面宽）切成的面条。面带不需要醒发，但切成条后的面条需要冷藏一晚再使用。煮面时不需要使用计时器，尽量用筷子搅拌或用手指触摸，来确认面条的软硬度。

【 材料 】

日本产小麦面粉、进口面粉、日本产全麦面粉、碱水溶液、鸡蛋、盐

1

将碱水溶液、鸡蛋和盐搅拌均匀，然后和面粉一起倒入混合机中搅拌10分钟左右。

2

制作成粗面片。

3

进行2次整合处理。面片不需要醒发，直接压面后切成面条。

切成面条后放入冰箱冷藏，醒发1~2天后再使用。一份盐味Soba的面量约为140克，拌面为180~200克。盐味Soba的煮面时间约为60秒，但不需要使用计时器，而是通过用筷子搅拌或用手触摸的方法，确认面条的软硬度。

4

风味叉烧肉

　　用线绑好猪五花肉，熬煮汤头时一起放进去。约40分钟后，捞出放入叉烧肉用酱汁里继续熬煮。叉烧肉用酱汁是由酱油、味淋、日本酒、蜂蜜调制而成。

─────【 材料 】─────

猪五花肉、叉烧肉用酱汁（酱油、味淋、日本酒、蜂蜜）、大蒜、纯净水

将猪五花肉和水放进熬煮鸡汤的深底锅中。用中火熬煮40分钟后取出，放入叉烧肉用酱汁中，盖上锅盖，继续熬煮。

1

从酱汁中取出猪五花肉，并用保鲜膜包起来，放入冰箱冷藏一晚。

2

午餐肉寿司

　　自开业以来，午餐肉寿司就是人气餐点。来店里的客人之中，约半数以上都会加点一份午餐肉寿司。切片的烤午餐肉配上白米饭、佃煮（佃煮是日本人保存剩余食物的一种方式，将食材和酱油、砂糖和适量的水一同入锅炖煮）昆布和青紫苏，最后再用海苔卷起来。通常用保鲜膜包起来保存，客人点餐后，再用微波炉加热。

─────【 材料 】─────

米饭、午餐肉、佃煮昆布、青紫苏、海苔

1

将午餐肉切成厚度为1厘米的片，用平底锅煎至上色。

在米饭上放上佃煮昆布、青紫苏，然后摆上一片午餐肉，最后再用海苔卷起来。

2

葱油酥

在锅中倒入色拉油，然后放入切成末的葱白，加热过程中不断搅拌，随时留意不要烧煳。葱白上色后即可移至容器中。

————【 材料 】————

色拉油、葱白

1 将色拉油加热后，加入切成末的葱白。一边加热，一边搅拌。

2 葱白微焦后，移至容器中。

盐味拉面的盛装方式

1 将盐（冲绳产命御庭海盐）、纯辣椒粉、柚子皮泥倒入碗中。

2 加入切成末的葱白、调味鸡肉馅和海鲜高汤。

3 倒入汤头，放入煮好的面条。

4 再摆放上叉烧肉、调味鸡肉馅、笋干、豆苗和辣椒丝，最后淋上鸡油即可。

此版本仅限在中国大陆地区（不包括香港、澳门特别行政区及台湾地区）销售

北京市版权局著作权合同登记　图字：01-2021-3405 号。

图书在版编目（CIP）数据

日本主厨笔记：拉面专业教程 / 日本旭屋出版编辑部编；
白金译. — 北京：机械工业出版社，2022.12
（主厨秘密课堂）
ISBN 978-7-111-71506-1

Ⅰ . ①日… Ⅱ . ①日… ②白… Ⅲ . ①面条 – 食谱 – 日本 – 教材
Ⅳ . ①TS972.132

中国版本图书馆CIP数据核字（2022）第158213号

机械工业出版社（北京市百万庄大街22号　邮政编码100037）
策划编辑：范琳娜　卢志林　责任编辑：范琳娜　卢志林
责任校对：薄萌钰　李　婷　责任印制：张　博
北京利丰雅高长城印刷有限公司印刷

2023年1月第1版第1次印刷
190mm×260mm · 10.75印张 · 2插页 · 286千字
标准书号：ISBN 978-7-111-71506-1
定价：78.00元

电话服务　　　　　　　　　网络服务
客服电话：010-88361066　　机　工　官　网：www.cmpbook.com
　　　　　010-88379833　　机　工　官　博：weibo.com/cmp1952
　　　　　010-68326294　　金　书　网：www.golden-book.com
封底无防伪标均为盗版　　　机工教育服务网：www.cmpedu.com